U0311723

承平盛世

美丽中国建设与中国式现代化

人民日报社《民生周刊》杂志社　编著

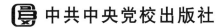 中共中央党校出版社

图书在版编目（CIP）数据

承平盛世：美丽中国建设与中国式现代化 / 人民日报社《民生周刊》杂志社编著 . -- 北京：中共中央党校出版社，2024.7

ISBN 978-7-5035-7684-3

Ⅰ.①承… Ⅱ.①人… Ⅲ.①生态环境建设－研究－中国②现代化建设－研究－中国 Ⅳ.① X321.2 ② D61

中国国家版本馆 CIP 数据核字（2024）第 027153 号

承平盛世——美丽中国建设与中国式现代化

策划统筹	刘　君
责任编辑	王慧颖
装帧设计	一亩动漫
责任印制	陈梦楠
责任校对	高　鹏
出版发行	中共中央党校出版社
地　　址	北京市海淀区长春桥路 6 号
电　　话	（010）68922815（总编室）　　（010）68922233（发行部）
传　　真	（010）68922814
经　　销	全国新华书店
印　　刷	北京盛通印刷股份有限公司
开　　本	710 毫米 ×1000 毫米
字　　数	191 千字
印　　张	18.5
版　　次	2024 年 7 月第 1 版　2024 年 7 月第 1 次印刷
定　　价	59.00 元

微 信 ID：中共中央党校出版社　　邮　箱：zydxcbs2018@163.com

目 录

1

承平盛世——美丽中国建设与中国式现代化

技、在人才。要把发展农业科技放在更加突出的位置，大力推进农业机械化、智能化，给农业现代化插上科技的翅膀。

到 2020 年稳定实现农村贫困人口不愁吃、不愁穿，义务教育、基本医疗、住房安全有保障，是贫困人口脱贫的基本要求和核心指标，直接关系攻坚战质量。总的看，"两不愁"基本解决了，"三保障"还存在不少薄弱环节。各地区各部门要高度重视，统一思想，抓好落实。要摸清底数，聚焦突出问题，明确时间表、路线图，加大工作力度，拿出过硬举措和办法，确保如期完成任务。

发展乡村旅游不要搞大拆大建，要因地制宜、因势利导，把传统村落改造好、保护好。

坚定走可持续发展之路，在保护好生态前提下，积极发展多种经营，把生态效益更好地转化为经济效益、社会效益。全面建设社会主义现代化国家，既要有城市现代化，也要有农业农村现代化。要在推动乡村全面振兴上下更大功夫，推动乡村经济、乡村法治、乡村文化、乡村治理、乡村生态、乡村党建全面强起来，让乡亲们的生活芝麻开花节节高。

过去茶产业是你们这里脱贫攻坚的支柱产业，今后要成为乡村振兴的支柱产业。要统筹做好茶文化、茶产业、茶科技这篇大文章，坚持绿色发展方向，强化品牌意识，优化营销流通环境，打牢乡村振兴的产业基础。

顾家台：找准致富业 共唱振兴歌

全面建成小康社会，最艰巨最繁重的任务在农村、特别是在贫困地区。没有农村的小康，特别是没有贫困地区的小康，就没有全面建成小康社会。中央对扶贫开发工作高度重视。各级党委和政府要增强做好扶贫开发工作的责任感和使命感，做到有计划、有资金、有目标、有措施、有检查，大家一起来努力，让乡亲们都能快点脱贫致富奔小康。

巍巍太行，群山环绕，险峰阻隔，站在高高的山岗上，人称"四叔"的顾士祥来了兴致。

总书记来到阜平县，

问暖问寒关心咱，

时刻惦记老区人，

看到贫困心不甘。

哎嗨哎嗨哟，

哎嗨哎嗨哟，

…………

撸起袖子加油干，

一定要改变阜平县。

顾士祥是阜平县龙泉关镇知名人士，年轻时喜欢吹笛子，后来被河北师范大学特招，是走出山里的大学生，如今在石家庄当音乐老师。

网红放歌家乡好

2012年12月底，习近平总书记考察龙泉关骆驼湾村、顾家台村后，龙泉关镇脱贫攻坚步伐逐年加快，家乡风貌日新月异。借着这一春风，2015年，顾士祥回村里开起了青年旅舍和农家乐，一个房间只收三五十块钱，山野菜馅儿包子、饺子，平均一人一天 20 块钱就能吃饱。

他一个人，怀揣保温杯，开着皮卡，几年间，跑遍了龙泉关大大小小的村落山头，挖掘出不少鲜为人知的"特色"景点、民间故事、山野小吃。经常喜欢"吼"上两嗓子的"四叔"，如今，通过抖音直播家乡好生活出了名，成了"乡创好物推荐官"。

想起小时候的苦日子，那真是：

山高高山哎，那个龙泉关，乱石滩里，那个挣钱难，日出东山落西山，找个媳妇，真叫难哎……

"四叔"这一嗓子，道出了 10 年前龙泉关的封闭、贫瘠。而龙泉关镇的骆驼湾村、顾家台村，更是贫上加贫。

经过 10 年苦干，奋力攻坚贫困，发展特色产业，如今的顾家台，不仅自己摆脱了贫困，还带动周边山村乃至整个龙泉关镇，迈步全面振兴之路。

"你瞭瞭，你瞭瞭，这漫山遍野，除了花，还是花！"初春时节，一片片山桃花点染太行山间，顾士祥要用现代传播手段，更好放歌家乡 10 年来的变化，展示乡村全面振兴的美好前景。

谋定四大产业蓝图

"穷山沟、土坯房，乱石滩、不长粮，靠天收、白瞎忙"，曾是太行山深处龙泉关镇的真实写照。

2012 年底，习近平总书记顶风踏雪，先后到龙泉关最贫困的骆驼湾村、顾家台村考察，看真贫、访真苦，并在这里召开了党的十八大以来第一个农村脱贫攻坚座谈会，向全党全国发出了打响脱贫攻坚战的动员令。

没有全民小康，就没有全面小康。让扶贫对象不愁吃、不愁穿，保障其义务教育、基本医疗、住房，让贫困群众早日摆脱贫困、过上好日子，是习近平总书记新时代第一个十年最大的牵挂。总书记殚精竭虑，亲自谋划，亲自部署，着力精准扶贫，在全国打响脱贫攻坚战。

赶快脱贫，这既是习近平总书记对顾家台村的殷切嘱托，也是交给当地干部群众的光荣任务。

如何脱贫？依靠什么脱贫？过去顾家台也尝试过养牛、养羊，结果都赔了钱。还能怎么办？村里人一时找不到方向了。

"顾家台人少地寡，当时全村只有150户、350口人，却有270名贫困人口。"现任村支部书记顾锦成介绍，加上当时村干部队伍严重老化，除了不断"试错"，村里对如何尽快脱贫没一点儿头绪。

习近平总书记在阜平考察扶贫开发工作时指出，推进扶贫开发、推动经济社会发展，首先要有一个好思路、好路子。

比如，阜平有300多万亩山场，森林覆盖率、植被覆盖率比较高，适合发展林果业、种植业、畜牧业；有晋察冀边区革命纪念馆和天生桥瀑布群等景区，离北京、天津不算远，这里北靠五台山、南临西柏坡，发展旅游业大有潜力。要做到宜农则农、宜林则林、宜牧则牧、宜开发生态旅游则搞生态旅游，真正把自身比较优势发挥好，使贫困地区发展扎实建立在自身有利条件的基础之上。

总书记的一番讲话，如春风化雨，打开了村干部的思路。顾家台村干部群众决定将目光盯向家乡的山水林果，瞄准特有的自然优势。

村里有哪些资源？顾家台的村干部、驻村工作队、党员代表、村民代表们，聚在一起，一项一项地数：顾家台土地不够肥沃，但是不缺水，昼夜温差大，可以种果树或其他经济作物；虽然离县城比较远，但是靠近龙泉关镇区，挨着382省道，搞手工业也是有条件的；村里没有风景名胜，但是正位于天生桥、五台山中间，空气清新，气候宜人，特别适宜发展民宿旅游……大家你一言我一语，越讲越有信心，越想越有盼头。

"总书记并没有指明顾家台具体做什么产业，但他把'怎么干'的金钥匙交给了大家。"龙泉关镇包村干部曹建平告诉记者。

发现了有价值的资源，如何开发利用？

"要想实现脱贫，必须规划先行。在阜平县和龙泉关镇的指导和大力支持下，村里定下了三件大事。"曹建平说。

一是地里种什么？村里按照县里统一安排，请来中国农科院的专家"把脉"。专家根据顾家台的土壤、气候条件和市场需求，建议采用"食用菌＋高山苹果"的农业发展模式，山上栽果树，溪谷种香菇，搞高效农业。

二是手工业干什么？要发展手工业，市场、交通和技术是必须解决的三个难题。经过仔细筛选、研究，最后把目光盯在了白沟。河北白沟是我国著名的箱包生产、销售集散地，技术、管理、市场都很成熟，白沟与阜平同属保定市，相距不远，便于控制交通成本。箱包分多个档次，通过适当培训，村民完全可以做中低档箱包，搞"错位生产、互补经营"。

三是旅游搞什么？搞旅游是一个慢热活儿，方向错了，付出的资金和时间成本是巨大的，不能着急着慌，必须谋定而动。经过审慎研究，村里认为还得用好"脱贫文化"资源，跟其他旅游区搞差异化竞争。在县里的帮助下，顾家台村对接了旅游公司，引入专业化团队，为村里的旅游项目出谋划策。

三件大事，谋定了顾家台村脱贫振兴四大产业板块。

党员带头　干在实处

产业蓝图有了，谁来干？怎么干？

土地是农民的命根子。虽然流转出去比自己种粮食获益高，但出于对新生事物的不理解、对发展前景的担忧，要起步时，许多村民犹豫了。

习近平总书记在考察顾家台时强调："农村要发展，农民要致富，关键靠支部。"

对，就让支部委员带头先干起来，党员先走一步，给村民打个样，立个标杆。

村委会副主任马秀英主抓大棚种植，作为一名女同志，她承包了两个大棚，起早贪黑忙碌。她忙完了自己的，就去帮其他村民。边干边收集村民意见建议，及时解决大伙儿的难题，从县里协调技术员来村指导，和大家一起，在干中学、在学中干。

时任村委会委员顾锦成，把自己的养猪场托给了别人，也包起了大棚。

在支部带领、党员干部示范下，犹豫迟疑的村民也纷纷跟着干了起来。2015年，顾家台村香菇获得了大丰收，单个大棚收益超过了2万元，产业脱贫实现了"开门红"。

顾家台村以箱包加工为主的手工业、以苹果为主的高山林果业和以民宿为主的生态旅游业，也陆续发展起来。

一直在外地打工的党员冯海花，也回乡流转土地搞起了林果业。2019年，她承包了180亩果园。

"现在离采摘季还有几个月。我闲不住，总想干点活儿，村里开了箱包加工厂，我白天去那里上班，一个人打两份工，忙是忙，但心里高兴着哩。"冯海花计划再牵头承包几个村里的其他项目，带领乡亲一起创造更多财富。

顾家台的变化，让群众得到了实实在在的实惠。到2017年底，全村摘了贫困帽子，全体村民，一个不少、一户不落，整体迈向小康。支部强，党员强，顾家台村党组织的号召力、凝聚力、吸引力不断加强。村民纷纷申请入党，村支部党员队伍学历大幅提高，青年党员增多，一批有较高文化、较强能力、思想活跃的中青年，进入村"两委"，为全面推进顾家台村振兴，夯实了干部基础。

龙泉关的十里八村都知道顾家台的村干部队伍，"80后""90后""00后"都有，老中青结合得非常好，致富能手都成了骨干。

有十几年乡镇基层工作经历的刘峰，现在是龙泉关镇党委书记。他说，全面推进乡村振兴，我们这儿最大的短板、最大的挑战，也是最大的潜力，是人才振兴。将有文化、见过世面、闯过市场的青年人才引回来、留下来、用上用好，是工作的重要一环，甚至重中之重。

刘峰认为，最根本的还是要靠事业、靠发展，才能拴住心、留住人。只要村子经济发展越来越好，人才就自然回来了、留住了。

"锦成这小伙子，早些年自己办养殖场，开肉食店，有想法，还肯干！是我们一致推举他进的村委会班子！"村民代表顾德泰说。

作为最早一批返乡创业的青年代表，2008年起，顾锦成在阜平天生桥镇东下关村搞起了生猪养殖。2012年，他瞄准近五台山区位优势，开了一家肉食店，并向沿途的肘子店推销，仅半年时间，就打开了销路。

2015年，顾锦成将养殖场交给父亲，决定回村发展，回村第一件事，就主动要求挑重担。多数党员也看好这个有文化、敢担当、有办法的年轻人。2021年4月，顾家台村"两委"完成换届，班子平均年龄只有35岁，其中，34岁的致富能手顾锦成当选为村党支部书记和村委会主任。

当上领头人的顾锦成，干劲十足，希望带领乡亲走上全面振兴之路，实现共同富裕。

"以前是自己干事创业，现在成了带头人，各方面都要兼顾到。"

在顾锦成的带动下，这两年，顾家台村 38 名年轻人被吸引回村。

2021 年 4 月 29 日，顾家台村打造的新业态"啤酒花园"正式营业。啤酒花园是由"90 后"小伙儿顾腾飞，与几个在北京干餐饮业的小伙伴合办的，安置了本村近 20 人就业。2021 年夏季仅 3 个月，就实现盈利 15 万元。

同样在北京打工的顾盼，2022 年回乡后，做起网络直播带货，她和顾小雪、顾腾飞等几个年轻"网红"，在网上售卖本地农产品，不到一年时间，直播间总销售额达 18.8 万元。

2021 年 7 月，顾家台村举办了首届民俗文化节，酷炫的无人机编队，飞上了顾家台村的天空，把民俗文化节推向高潮。

"甭说无人机了，以前飞机飞过都觉得稀罕。这次史无前例的演出，吸引了周边村、县城，还有石家庄、保定的游客。"顾锦成说。

据统计，3 天的民俗文化节带动游客在顾家台村及周边餐饮、住宿等消费 100 多万元。

十年磨一剑。在习近平总书记的关心下，在各方支援帮扶下，经过全体村民不懈奋斗，顾家台村从一个穷山沟蜕变为脱贫攻坚示范村。

随着村子的发展，道路越来越宽，村子越来越美，来的游客也越来越多，乡村旅游业逐渐成为村民致富的重要产业。

如今，顾家台村共建起旅游民宿 30 套，采用"公司＋农户"

的形式出租给旅游公司，租金为每年每平方米 100 元，共带动 30
户农户参与乡村旅游产业，提供了 14 个就业岗位，分别为前台、
客服、保安等工作。

回顾顾家台打造的牡丹园、游乐场等新兴业态，展望着村里
的发展前景，顾锦成说，以前，游客来村里，只有一处景点可供
参观，待不一会儿就走了。

"那时，我们村名声在外，但留不住游客。现在，村里新建了
啤酒花园、亲子乐园，开发了登野山、采摘等项目，形成集参观、
游学、吃住、玩乐于一体，小而精的新型山村旅游业态。"

如今，游人到顾家台村，可以看青山、蹚绿水、闻花香、听
鸟语、吃生态菜、唠农家嗑，感受浓浓乡情。

和美乡村

党的二十大提出建设"和美乡村"；2023 年，中央一号文件
特别强调，扎实推进宜居宜业和美乡村建设。

从党的十八大以来提出"美丽乡村"到党的二十大强调"宜
居宜业和美乡村"，美丽与和美，一字之变，对乡村振兴提出了更
高要求。

"和美乡村"不仅要为乡村塑形，更要为乡村铸魂，二者并
重，贯穿乡村建设始终。用"和"滋润人心、德化人心、凝聚人
心，让农村人心向善，确保乡村稳定安宁，和谐发展。

2016 年，龙泉关镇开展村庄清洁行动和村容村貌提升行动，

在顾家台村，水电网络入户，路面硬化到了各家门前，路边种树种花铺草，公厕盖起来了，也管理得很干净。村庄整洁了，环境美化了，公共服务提升了。

走进骆驼湾、来到顾家台，看到的是村美人笑、游客不断，各家各户忙前忙后。

"没有总书记的关心，没有党的好政策，今天的好日子，俺们想都不敢想。"

72岁的任凤兰家是顾家台村的示范标杆，家门口挂着党员示范庭院、美丽庭院示范户、十星级文明户等大大小小五六块牌子。

任凤兰家的院子被改造成了村里统一规划建设的新民居，院子既保留泥墙石瓦的太行山山村风貌，又添置了现代化的生活设施。前些年，她又将9间厢房改造成了民宿。

"一间屋子平均下来，一天能挣100元哩！"

见到任凤兰时，老人家正在打理院里的几间民宿。打扫庭院、洗衣做饭、侍弄花草，每天忙得脚不沾地。

任凤兰家的院子里，种了吊兰、牡丹、连翘等花草，花花草草爬满了客厅的两面墙，迈步屋内，花香扑鼻，令人神清气爽。这些年，顾家台村民家里兴起了养花种草热，家家户户都被各种花草装扮得春意盎然。

"搁过去，饭都吃不饱，住的房子四处透风漏雨，哪还有闲心养花种草？"任凤兰老人说。

现在，平日里精心准备的每一顿饭，都映射出村民生活品质的提高；喝茶、养花，享受文化精神大餐，更是村民文化生活的跃升。

和美乡村，如何把"和"字做实？村支书顾锦成说，一是要让干群、邻里、村民和游客，和谐相处；二是要让优良乡风融入日常生活，润泽每位村民和游客。文旅业是顾家台的经济支柱，也是打造和美乡村的窗口。顾家台村党支部、村委会决定从发展文旅产业入手，把"和"的理念融进去，再逐步延伸到村庄产业、文化发展振兴的方方面面。

如今，骆驼湾和顾家台双双捧上了旅游"金饭碗"，踏上乡村振兴路。下一步，阜平将以骆驼湾、顾家台为依托，立足本地"一红一绿"资源优势，深入挖掘村落文化，打造文旅融合新样板，打好全域旅游组合拳，吸引更多有情怀、有抱负、有本领的青年人才返乡创业，在农村这片广阔天地大施所能、大展才华、大显身手。

有一个神奇的传说，

龙泉关的石头也会唱歌，

它给敢闯敢干的人智慧，

更给奋斗的人带来收获。

…………

站在奇峰秀石间，听着溪水声，望着满山小草吐绿，"四叔"顾士祥嘹亮的嗓门儿，又将唱出新歌了。

顾家台村简介

顾家台村地处阜平县以西 35 公里处，全村 150 户 358 人，耕地 689.7 亩，水地 240 亩，山地 449.7 亩，沟壑纵横、土地贫瘠，是典型的太行山区深度贫困村。2013 年前，全村人均年收入不足 1000 元，贫困发生率高达 75%。

"只要有信心，黄土变成金。"顾家台人牢记习近平总书记谆谆嘱托，在脱贫攻坚路上苦干实干，2017 年底，全村摘掉贫困帽子，实现了全面小康。到 2022 年，全村形成以旅游为主，有高效林果、食用菌种植、家庭手工业等支柱产业，人均年收入达到 21117 元，村集体收入达到 97 万元。

现在，顾家台人正奋力推进村庄全面振兴。

相关链接

《习近平谈治国理政》，外文出版社 2014 年版，第 189 页。

《习近平到河北省阜平看望慰问困难群众时强调　把群众安危冷暖时刻放在心上　把党和政府温暖送到千家万户》，《人民日报》2012 年 12 月 31 日。

布楞沟：『六难村』有了用水自由

把水引来，把路修通，把新农村建设好。

穿山越岭，一条脱贫路、致富路、幸福路修到了布楞沟村群众家门口。

站在村口的一处高地，顺着包村工作组长陕斌杰手指的方向，布楞沟村全貌尽收眼底。村庄整体依公路而建，道路以北分布着规划齐整的新村、太阳能光伏发电站、党群服务中心、卫生室、小学、村民文化广场及老宅改造而成的农家乐等。道路的另一侧，是肉羊养殖合作社和蔬菜大棚。

这条二级公路东连兰州、西达临夏州东乡县城，打通了布楞沟片区的交通瓶颈，也串起了沿途10个乡镇。

公路的贯通，把布楞沟村与山外世界连接起来，村庄发展也有了出口和方向。

望着来来往往的车辆，陕斌杰向记者讲起村庄过去10年的发展历程。

"布楞沟"在东乡语中意为"悬崖边"，实际是一条大山沟。布楞沟村是东乡县一个普通的小山村。在东乡1510平方公里的土地上，分布着200多个这样的山村。因吃水、行路、上学、看病、住房、增收等难题突出，当地人称为"六难村"。

位于甘肃省临夏回族自治州东部，布楞沟所在的东乡县是我国东乡族相对集中居住的民族自治县。截至2022年底，全县人口38.17万（常住人口29万），其中东乡族33.55万人，约占总人口的87.9%。

2013 年 2 月 3 日，习近平总书记来到海拔 1900 多米的布楞沟村看望贫困群众。在这里，总书记强调当地一定要：把水引来，把路修通，把新农村建设好，让贫困群众尽早脱贫，过上小康生活。

总书记的深切关怀、殷殷嘱托，给东乡干部群众摆脱贫困，追求幸福美好新生活，带来了坚定信心和巨大力量。

10 多年来，借着脱贫攻坚的强劲东风，东乡县发生了翻天覆地的变化。村里引来了水、修通了路、建起了村卫生室和学校，家家户户住上了干净整洁的砖瓦房。

"我们关心的事，总书记都了解"

站在村前高坡处，79 岁的布楞沟村村民马仲成能清晰地望见邻县的巴下村，但如果步行过去，却需要 3 个小时。"隔沟能说话，握手走半天。"

在马仲成的记忆中，儿时从村里走到东乡县城要四五个小时。走在蜿蜒狭窄的山路上，悬崖峭壁在脚下，一不小心就会跌落山沟。

地处青藏高原和黄土高原过渡交会地带，东乡县属黄土高原丘陵沟壑区，全县海拔在 1735 米至 2664 米。特殊的地理条件造就了破碎、分散的地质环境。因境内山峦起伏，沟壑纵横，处处是悬崖峭壁，东乡县被描述为"地球的肋骨""大山聚会的地方"。

东乡县提供的一份文字资料显示，该县 1510 平方公里的面积，分布着 1750 条梁峁和 3083 条沟壑。如同漫天繁星，近 30 万东乡群众分散居住在千条梁峁沟壑中。

散居在这些梁峁沟壑中，东乡群众祖祖辈辈忍受着行路难的煎熬。在东乡群众眼中，与行路难并列存在的困难，是吃水难。

不到当地，很难想象这里曾经缺水的场景。每次下雨，马仲成一家都要将屋顶的雨水用集水装置收集起来，储存到家中的水窖，以备平时饮用。

因地处高原，气候干燥，年平均降雨量仅 230 毫米，蒸发量却是降雨量的 3 倍。因气候干旱，种庄稼要靠天吃饭，往往是"十种九不收"。每逢干旱，雨水不够饮用，村民们都要赶着毛驴去驮水。

村史馆中的一张张老照片，记录着那个吃水艰难的年代。据马仲成回忆，当时，山路非常狭窄，走不开架子车，只能容得下人和毛驴行走，"去几公里外的河沟边驮水，来回一趟得两三个小时"。

受山大沟深、气候干旱、资源匮乏等自然条件制约，该地区长期处于深度贫困状态。

千百年来，贫穷困苦始终困扰着东乡群众。在习近平总书记来考察之前的 2012 年，布楞沟村全村 68 户 345 人，人均年纯收入只有 1624.1 元，贫困面高达 96%。当时，布楞沟村是东乡县最贫困、最干旱的山村之一。

把水引来，把路修通，把新农村建设好，让贫困群众尽早脱贫，过上小康生活，这是总书记对包括布楞沟村在内的东乡发展的殷殷嘱托。"我们关心的事，总书记都了解。"马仲成向记者回忆起10多年前难忘的场景。

握着马仲成的手，习近平总书记和他话起家常："家里有几个孩子？养了几只羊？生活上还有什么困难？"

听了马仲成的回答，总书记让他放宽心：一只羊能卖1000块钱，养上5只羊一年就5000块钱。孩子外出打工，每年也能有些收入。

对暂时遇到的困难，总书记告诉马仲成：有党和人民政府，大家一起努力，老人家你不要担心。

山乡迎来巨变

通自来水那天，布楞沟村村民马麦志和家人围聚在一起，前前后后不知拧开了多少次水龙头。听着哗哗的流水声，看着洁净的自来水，他和家人每人盛了一大瓢，一口气喝了个痛快，好像要把多年欠下的水都补回来！

落实习近平总书记的嘱托，东乡县实施了"饮水清零"行动。2013年2月28日，布楞沟村安全饮水工程开工建设。4个月后，清澈的自来水陆续流进村民家中。

走进位于东乡县城的中西部水厂，这里放置着一座巨大的沙盘，以万分之一的比例模拟了东乡县供水管网。

黄土丘陵上，密集交织的供水管道犹如人体血管般，穿越千沟万壑，流进千家万户。通过"饮水清零"行动，东乡县埋设供水管道7200多公里。"以全县人口约29万来计算，为每个人埋设24米供水管道。"东乡县水务管理中心副主任赵英祥说。

目前，全县集中供水率达99%，农村人饮入户率、供水保障率分别从2014年的65%、63%提高到2023年的98%、95%以上。

至此，困扰东乡群众吃水难的问题彻底解决。在自家自来水龙头旁，布楞沟村群众自发立起"吃水不忘总书记，永远感恩共产党"的石碑。

变化远不止这些。从布楞沟村出发，驱车到县城仅需20分钟，到省会兰州需要40分钟。昔日布楞沟的闭塞、落后的模样，已然变成历史，定格在了村史馆里。

过去10多年间，布楞沟村发生的每一点变化，村民马麦志都看到了，也享受到了变化带来的各种便利。

从中石化援建的水泥路，到易地集中安置的新农村，再到自来水管道快速铺设，以及村中新建起的学校、卫生室……特别是连接布楞沟村和外界的公路，让布楞沟村的步子迈得更大、也更远了。

最大的改变，是村民的观念。村民或外出务工，或在村中创业就业，曾经"三只羊，两顿饭，晒个太阳一整天"的场景再也不见了。

走进布楞沟新村，56座院落整齐排列。2015年10月，布楞沟村易地搬迁安置点建成，全村人搬进了山脚下政府集中建设的新农村。

搬入新家，马麦志一家迎来生活条件的显著改善。2022 年，天然气接到了村里，2023 年 3 月，他家安了燃气灶。在厨房，他特意打开冰箱向记者展示日常储备的食材：除了肉类，还有新鲜的西红柿、青辣椒和娃娃菜。

打破千百年来的贫穷困扰

从高处俯视，2014 年落成并投入使用的小学，是布楞沟村里最美的建筑。占地 2000 平方米，这所学校主体由两层综合教学楼和 950 平方米的塑胶操场构成，食堂、水冲式厕所一应俱全。

看到气派的新小学，21 岁的马春花很是羡慕。习近平总书记来布楞沟村考察时，马春花刚满 11 岁，在村小读六年级。她就读的小学，仅有一间教室可以上课，不同年级的学生挤在一间教室里，老师不得不进行复式教学。因房屋紧张，学校仅有的两位老师都没有办公室。

2013 年 2 月 3 日，习近平总书记给村里的每一名东乡族学生带来了学习用品。至今，马春花仍清晰记得那份特殊的礼品——书包、文具盒、小学生词典和课外书。

让贫困地区的孩子接受良好教育，是扶贫开发的重要任务。习近平总书记强调指出，治贫先治愚，扶贫先扶智。教育是阻断贫困代际传递的治本之策。

党的十八大以来，以习近平同志为核心的党中央把保障义务教育作为脱贫攻坚的重要内容，下大力气改善贫困地区教育状况。"过去，村民普遍不重视教育，尤其是女孩的教育。"2022年，大学毕业后，马春花回到村里，成了一名"村官"。回首自己的求学之路，马春花很庆幸自己能通过读书走出大山、改变命运。

围绕危房改造、饮水安全、医疗、义务教育、就业扶贫等五个方面，东乡县积极落实"两不愁三保障"①。

全国脱贫看甘肃，甘肃脱贫看东乡。东乡曾是全国脱贫攻坚中最难啃的硬骨头——深度贫困区，也是甘肃省脱贫攻坚的主战场之一。从集中解决"三保障"底线任务入手，东乡县按期完成了脱贫攻坚各项目标任务。

打赢脱贫攻坚战，解决了困扰东乡千百年来的贫穷问题。2020年，东乡县2.75万户、15.2万名群众全部脱贫，159个贫困村全部退出贫困序列。

绝对贫困问题得到历史性解决后，东乡经济社会实现深层次发展变化。在整体推进水、电、路、房、学、医等基础设施建设的同时，东乡县积极发展养殖、扶贫车间、劳务输转等产业，努力帮助贫困群众稳定增收。

脱贫之后，乡村如何振兴？成为摆在布楞沟群众面前的一个新问题。

---

① 两不愁：稳定实现扶贫对象不愁吃、不愁穿；三保障：保障其义务教育、基本医疗和住房。

"生活有了奔头"

一个月前刚卖掉699只羊，10天后将有约1000只羊出栏。4月20日，在布楞沟养殖农民专业合作社，返乡村民马大五德告诉记者。

因家庭贫困，马大五德从小就外出打工，后来逐步进入养殖行业。习近平总书记考察布楞沟村的第二年，他带着多年攒下的积蓄回乡创业，借助当地政府部门提供的扶持贷款，养殖规模逐步扩大。

谈及回乡创业的决定，马大五德坦言，正是家乡布楞沟的发展变化，让他有了返乡创业的信心。

产业兴旺是乡村振兴的基础。在马大五德的带动下，养殖成为布楞沟村群众增收的渠道之一。早在2015年成立时，合作社就吸纳了26户贫困户。从2018年以来，合作社已连续多年分红。"除了现金，还分过羊和牧草。"

在习近平总书记的关心下，布楞沟村发生了翻天覆地的变化，美丽乡村迈出振兴步伐。过去10多年间，记者曾3次探访布楞沟村，目睹了这里蹄疾步稳、一步一个脚印、从外到内发生的变化：产业从无到有，肉羊养殖、大棚蔬菜种植、光伏发电、乡村旅游……

20世纪80年代，布楞沟村有136户村民，后来走的走、搬的搬，到2012年，村里剩下68户345人，村子一天比一天荒凉。

随着新农村建设得越来越好，搬走的人陆续回来了，现在全村有116户534人。

在致富路上，村民开动脑筋，开发民族特色资源，让东乡美食走进更多人家。2013年2月4日，习近平总书记来布楞沟村的第二天，在兰州市红古区打工的马麦热在立刻回了村。马麦热在一边翻炸锅里的油馃馃（东乡族美食），一边向记者讲述自己近些年的经历。她是5个孩子的妈妈，之前，她曾经在建筑工地打了十几年工。

伴随着家乡的发展，马麦热在也迎来了发展机遇。从2015年开始，东乡县妇联将扶贫与扶智、扶志相结合，对布楞沟村妇女进行职业技能培训，马麦热在第一时间参加。2018年，以生产东乡族特色美食油馃馃为主的巾帼扶贫车间落成，她又第一个报名。

擅长做糖油糕、玉米荞麦饼、油饼等东乡族美食，马麦热在被村里的农家乐聘为"面点师"。在家门口就业，她现在每月能挣到4500元。

摆脱贫困后，正奋进在乡村振兴道路上的布楞沟村民对幸福美好生活满是憧憬。马麦热在谈及当下的生活，畅想今后的日子："以前不外出务工日子过不下去，现在能在家门口挣钱，再也不用去外地漂泊打工了。只要肯干，以后的日子，会更有奔头。"

布楞沟村简介

布楞沟村是甘肃省临夏回族自治州东乡县一个普通的小山村。在东乡1510平方公里的土地上，分布着200多个这样的山村。因吃水、行路、上学、看病、住房、增收等难题突出，当地人称布楞沟村为"六难村"。

2013 年 2 月 3 日，习近平总书记来到海拔 1900 多米的布楞沟村看望贫困群众。在这里，总书记强调当地一定要：把水引来，把路修通，把新农村建设好，让贫困群众尽早脱贫，过上小康生活。

过去 10 多年间，村里引来了水、修通了路、建起了村卫生室和学校，家家户户住上了干净整洁的砖瓦房。

借着脱贫攻坚的强劲东风，布楞沟村发生了翻天覆地的变化。摆脱贫困后，美丽乡村迈出振兴步伐。

相关链接

《布楞沟这三年（打好脱贫攻坚战）》，《人民日报》2016 年 5 月 2 日。

《布楞沟村看今昔》，《人民日报》2019 年 8 月 8 日。

《习近平著作选读》第 2 卷，人民出版社 2023 年版，第 70—75 页。

峒山村：山水荻芦 惊艳江南

全面建成小康社会，难点在农村。我们既要有工业化、信息化、城镇化，也要有农业现代化和新农村建设，两个方面要同步发展。要破除城乡二元结构，推进城乡发展一体化，把广大农村建设成农民幸福生活的美好家园。

2013 年 7 月 22 日，正值农历大暑时节，习近平总书记冒着酷暑，深入湖北省鄂州市长港镇岵山村，考察调研城乡一体化建设情况，并同部分村民座谈，提出"望得见山、看得见水、记得住乡愁""粮食安全要靠自己"等殷殷嘱托。

如今，古老岵山焕发新容貌。万亩香莲、千亩水产、百亩樱花、十里水杉、一山多景，绘成岵山村的美丽图卷。阳春三月，记者走进岵山村，感受这个村庄的惊艳十年。

年轻人回来了

在外打拼 10 年后，1991 年出生的本村人陈川回到岵山，他现在是岵山栖客露营基地负责人。

露营基地不小，位于村子中轴线的最深处，这是一片长近 4 公里、占地近 200 亩的水杉林，按照陈川的设想，这片有 1.6 万棵水杉的林子将分两期开发，露营部分属于一期，二期会"往后拓"，做野外生存。

"去年年底开业，最大客户是团建市场，这是一个空白，鄂州本地户外团建公司少，五六月份水杉树叶子全绿了，人一进来，特别放松，就不想出去了，来乡下真是舒服。"聊起这个项目，陈川很是兴奋，"以农文旅作为突破点，露营是升级版的农家乐，我们有专业教练带着孩子玩，利用这一片水杉林，先做人气引流，设备与营销投入已超过 100 万元”。

十年树木，村里种下的水杉树，如今成了一道亮丽的风景线。树林里搭起专业的户外帐篷，有接待中心、便利店，还修了 6 个土灶，供游客自己做饭，体验户外烹煮。

为什么选择回村创业？陈川坦言，这不是他一个人的想法，同村小伙伴都想回来，但更多的思考是，回来能干什么？父辈供其读书，如果还是传统的“背朝青天，脸朝黄土”式的谋生方式，难免打退堂鼓。

此前，陈川在上海做照明灯具生意，大都市的高房价压力，让他一直就有回乡创业的念头。妻子是第一个赞同的人，现在妻儿都回来了，孩子已经两岁半，妻子娘家就在邻村，陈川准备把村里老宅装修一下，慢慢劝在上海一起打工的父母也回来。

露营基地现有 10 名本村村民就业，陈川接手水杉林时，这里还是一片荒芜，全是野草，进设备、搭建活动房，最多时有 50 名村民干活。据陈川介绍，今年露营基地火了，需要提前预订，每到周末，人气很旺。

“5 年能回本，就很开心了，我今年还租了 60 亩地，农家乐要有内容，让孩子体验玩泥巴，夏天捉虾摸鱼。”对于盈利，陈川并不着急，村庄环境变好了，来的人越来越多，消费自然会跟上，“总书记来我们村子时，我人在上海，听到这个消息，很惊喜，那时就想回来”。

“村书记与我年龄相仿，回村做这个项目时，我们深入交谈过，许多理念不谋而合，发动儿时小伙伴一起为家乡做点事，我愿当个排头兵，往前冲。"陈川告诉记者："峒山这么多年，要做品牌，现在峒山作为注册商标，已经有峒山香米、莲心茶对外销售。"

离开村子的年轻人，选择回来的越来越多。1991年出生的段誉，10年前还在苏州做文职，2016年返回村里，现在是湖北省直机关教育基地讲解员，就在村里办公，每天骑电动车，上班只要5分钟。父母在村里有鱼塘80亩，又流转了80亩，人手不够，由哥哥帮着打理。

"传统四大产业，产品结构单一，通过农文旅融合发展，我们村现在除了卖莲子，还卖莲心茶、荷叶茶，还'卖景色'，有22个生态农业项目基地，打造了峒山八大旅游场景，传统养殖也升级为生态高效的中高端淡水鱼苗养殖，一个占地40平方米的精品鱼池，收益相当于传统5亩鱼池的产值。"面对络绎不绝的游客，段誉滔滔不绝。

黄伟也回到了峒山，2013年他还在广东打工，父亲多次催促其回乡创业。2015年1月，黄伟回到家乡，注册了湖北忆乡源生态农业开发有限公司，流转了360亩土地，建成120亩钢架蔬菜大棚、1000平方米钢架房、60亩水蛭养殖箱，以及蔬菜保鲜库。

"基地现在主要种植西瓜、甜宝、洪山菜薹、草莓，还有散养绿壳蛋土鸡、水蛭，大部分销往批发市场，提供就业岗位50个，带动20多户农民种植。"黄伟告诉记者："想建一个集蔬菜瓜果种植、采摘、休闲、垂钓和观光旅游于一体的新型生态园区，预计今年将实现销售收入1000万元。"

"每天都不一样"

据当地县志记载，"峒山，原名桐山，在县西南五十里，突起樊湖中""山既以桐名，意其上有桐树蓁蓁，必有凤凰会集于此者"。

峒山村位于鄂州市城区西郊，早年是国营长港农场峒山分场，是一个在湖田中垦殖而来的村落。2004年，国营长港农场建制撤销，鄂城区长港镇成立，峒山分场改为峒山村。峒山村辖6个自然湾、11个村民小组，共4098人，全村土地面积1.5万亩，人均3.6亩。

历史的积淀造就了峒山深厚的底蕴，"山边秋水荻边芦，烟雨轻绡四望虚。一握小船来去稳，半舱菱角半舱鱼"。这是明代诗人阎尔梅《访邬期仲于峒山》中的诗句。

2013年7月22日，正值农历大暑时节，习近平总书记冒着酷暑，深入长港镇峒山村，考察调研，同村民座谈。

座谈会上，现任长港镇乡村振兴办主任的陈又胜是第一个发言的。

2008年之后的10年，陈又胜一直担任峒山村村支书。回忆起总书记到峒山村的情景，他记忆犹新，"总书记沿着会议室走了一圈，和参与座谈的每个村民握手，拉家常，气氛融洽，谈话过程一个半小时，比原定超出40分钟"。

"我汇报，峒山村是个宜居、宜业、宜游的地方，宜居是讲居住环境，宜业是讲产业发展，宜游是指发展乡村旅游。"陈又胜说："当我谈到社区建设时，总书记建议我们去杭州、嘉善等地方看一看。"

2014 年、2015 年，陈又胜先后前往浙江奉化腾头村、桐庐三溪村、安吉大竹海，江苏江阴华西村等 10 多个村参观学习。

陈又胜说："这些地方非常值得学习，学人家的管理，学人家的理念，归根到底，村子要发展产业，提高农民收入，老百姓有钱了，素质提高了，环境自然就好了，基层治理也好做了。"

陈又胜把取得的"真经"用于峒山村，"三边绿化"便是一个较为成功的做法，即引入一家园林绿化公司，在村子水边、路边、湾边种上绿植树苗，村子不出一分钱，却能"始终保持绿化效果"。

"10 年里，峒山村每天都不一样，道路变宽了，产业变多了，农民腰包鼓起来了！"陈又胜说。

芝麻开花节节高。如今的峒山村，产业兴旺、村美民富，生态农业基地成为壮大集体经济和带动村民增收的强大引擎，全村 60% 的劳动力在家门口就业，村民"放下锄头"就能就近"穿上行头"。

2023 年村集体收入保守估计可达 410 万元，而在 10 年前，村集体经济收入仅 26 万元；村常住人口也从 800 人，增长到 2300 人。

"低头可见莲花，登高可观千亩荷塘。"站在荷香园观光台上，荷花绽放季节，1000 多种莲花单品，尽收眼底。据了解，这个湘莲基地目前培育出世界上 1100 种单品荷花，收集保存国内外莲藕种质资源 1000 多份。

村头，占地面积 500 亩、共有 24 个鱼池的嘉禾水产将传统户外鱼塘改为温室大棚鱼塘，指导水产养殖户淘汰低标养鱼池，进行中高端淡水鱼（如鲈鱼、鳜鱼等）的育苗和养殖等，未来准备打造成华中地区最大的淡水鱼繁殖基地。

峒山葡萄基地是村级农业发展公司建设的实体产业，建有日光温室葡萄钢架连体大棚 80 亩，2023 年已实现试挂果，亩产在 1000 斤左右，收入 50 万元；2024 年将进入丰产期，亩产将达到 3500 斤左右，收入将突破 200 万元。

盘活闲置农庄打造的鸿峒田园综合体焕然一新，垂钓、住宿、餐饮服务配套齐全，全力做好迎接旅游旺季的各项准备工作。

第一年试种，一眼望去，50 亩百合长势喜人，村民正在百合地里劳作，湖北一家科技有限公司 2022 年来到峒山村，建成百合标准化栽培技术集成示范基地。食用百合具有清热解毒、滋阴润肺、清心安神的作用，发展药食两用百合有广阔的市场前景。

打造 3A 级景区

在峒山村入口处，一块大型木牌竖在路旁，木牌上"望得见山、看得见水、记得住乡愁"大字颇为显眼。

每到 3 月底，村边道路的红叶石楠红透了，山脚下的樱花开了，海棠缀满枝头，仿佛给 3 月涂上了一抹腮红。走在峒山村，春天的气息浓郁，令人心旷神怡。

"10年前，各个村湾水泥路还没完全建好，还是石子路，现在机耕路都是水泥路，道路全部刷黑，每家每户房前屋后都种上了花花草草，人居环境大大改善。"2013年，土生土长的占志启，是峒山村第8组的小组长，他见证了村里的变化。

路通了，出行路变成了致富路。机耕路全部硬化，各村湾主干道全部拓宽至4.8米，并刷黑硬化，听说后期村里还将修建一条环山旅游步道，供村民和游客散步休憩。

早些年，占志启做过小商贩，将村里芝麻、小麦、棉花、香莲等农副产品运往外地销售，多年与村民打交道，朴实厚道的占志启赢得了村民信任。2021年11月村干部换届选举，占志启当选峒山村村主任。2023年1月，他还当选第十四届全国人大代表。

土地资源的充分利用，不仅增加了村集体收入，还解决了部分村民的就业问题。扳着指头，占志启算了一笔账，"租金是其中一部分，另外，这些项目还可以带来一些技术，解决许多村民在家门口就业问题，给村子带来更多人气，带来更多消费"。

10多年前，占志启与习近平总书记有过"一面之缘"。2013年7月22日下午，占志启碰巧到村便民服务大厅咨询村里西甜瓜种植销路和投资问题，打算来年试着种植几亩西甜瓜。准备离开时，有村干部让他等一下再走。几分钟后，占志启看到，总书记来了！于是，他站起来向总书记打招呼。

"总书记笑着和我握了手，当得知我要种植西甜瓜后，总书记就问，一亩地收入会有多少？技术成熟不成熟？还提醒大家不要一窝蜂种，否则价格会降下来不少。"时隔多年，占志启对当时的情景历历在目。

现任峒山村党总支书记的伍冬，是一名来自乡镇的"90后"干部。伍冬介绍，当前，峒山村正以村委会为基点，建设万亩水产、千亩湘莲、百亩樱花、十里水杉，带动村民持续增收。下一步，峒山村将打造大峒山、望江亭、招隐寺、狮子垴、乡愁博物馆等景点，创建 3A 级景区，全面推进乡村振兴。

"2023 年以农文旅发展为方向的基础建设，现在正在推进，已经申请创建 3A 级景区，4 月马上要来验收，我们正在按照 4A 级景区标准建设。"伍冬说。

近年来，峒山村不断进行村湾整治，不仅村边、路边、水边形成了绿化带，还建起 12 座垃圾回收转运站、50 个垃圾池、6 座无害化卫生公厕。

2017 年夏天，峒山村启动"厕所革命"，采取奖补方式发动村民改厕入室，露天厕所全部拆除，室内安装冲水式厕所。同时，铺设地下管网，建设污水处理末端。

10 多年来，峒山村陆续被授予全国文明村、全国生态村、全国首批乡村环境综合治理示范村、全国现代生态农业创新示范基地、平安中国建设先进集体等荣誉称号。

共同缔造美丽峒山

峒山有句老话："穷三山、富月山、不穷不富是峒山。"

当地充分动员群众共同缔造山水乡愁地，转变峒山固有思维，利用"峒山夜话"，到 11 个湾组开展"三会一话"（小组长会、理事会、群众会和"峒山夜话"），让群众充分参与。发挥"五老"（老教师、老干部、老军人、老党员、老模范）作用，广纳"三乡"（新乡人、归乡人、原乡人）智慧，激发每一个峒山人共同缔造美丽峒山。

在峒山村，通过公共服务下沉，老百姓办理诉求较多的事项，如社会保障卡（申领）以及基本医疗保险参保人员异地就医备案（异地就医直接结算），镇、村两级均可在统一受理平台初步受理。镇、村同步推进政务服务"一网通办"，实行"一站式"服务。

在进行环湾路的加宽、硬化、刷黑工程时，沿线村湾群众共同努力，心往一处想，劲向一处使。

修路钱哪里来？经多次会议协商，村"两委"决定采取上级争取一点、镇村奖补一点、乡贤捐赠一点、村民共筹一点"四个一"方式，并按照"用工本地找，材料就地取"原则，对环湾路进行修缮。

峒山村二队队长陈胜勇动员道路两侧村民主动让地，动员 50 多名村民投工投劳，参与道路修缮。

一队队长陈学波等 15 名"土专家"主动当起监督员，对施工材质、施工工艺、施工进度进行监督。

环湾路修缮费用缺口有 30 多万元，村办建筑劳务公司向施工方提出，由村民采取以工代赈方式补齐资金缺口，建筑工地劳务费为每天 150 元，每天仅需支付村民 100 元。

在拓宽环湾路的同时，村里还筹资安装了30多盏路灯。夜幕降临，华灯初上，村民三三两两沿着"峒心"路散步、聊天，别提多惬意！

当地还有针对性地邀请各领域专家开展西式面点、残疾人实用技术、手工制作等培训，让群众听得懂、学得会、用得上，收获实实在在的生产知识和技能，开展农民丰收节、武昌鱼文化节、农垦文化节、樱花节、峒山书画展、摄影展、徒步环山行、迷你马拉松、"小板凳"法治故事会等活动，文明峒山蔚然成风。

峒山村简介

峒山村位于鄂州市鄂城区长港镇，国土面积10.7平方公里，耕地1.2万亩。辖6个自然湾，968户4098人。村党总支下设4个党支部、11个党小组，党员138名。2022年村集体收入410万元，农民年均可支配收入3.59万元。

峒山村地处九十里长港之滨、秀美峒山脚下，村域内湖田阡陌纵横，承载着厚重绵长的乡愁记忆。近年来，峒山村坚持以党建引领乡村治理促进乡村振兴，共同打造宜居宜业和美乡村。全村生活污水收集处理率、生活垃圾转运覆盖率达到100%；建成千亩水产基地、百亩樱花园、十里水杉林等；打造栖客、云景、嘉禾等22个生态农业基地，吸引全村60%的劳动力在家门口就业，做强全国生态农业现代化示范基地。

相关链接

《习近平在湖北考察改革发展工作时强调　坚定不移全面深化改革开放　脚踏实地推动经济社会发展》,《人民日报》2013 年 7 月 24 日。

《跟着总书记看中国｜指引航向　情系荆楚》，人民网 2023 年 7 月 22 日，http://politics.people.com.cn/n1/2023/0723/c1001-40041640.html.

《习近平：坚定不移全面深化改革开放　脚踏实地推动经济社会发展》，新华网 2013 年 7 月 23 日，http://www.xinhuanet.com/politics/2013-07/23/c_116655893_6.htm.

十八洞村：十年胜过千百年

加快民族地区发展，核心是加快民族地区全面建成小康社会步伐。发展是甩掉贫困帽子的总办法，贫困地区要从实际出发，因地制宜，把种什么、养什么、从哪里增收想明白，帮助乡亲们寻找脱贫致富的好路子。要切实办好农村义务教育，让农村下一代掌握更多知识和技能。抓扶贫开发，既要整体联动、有共性的要求和措施，又要突出重点、加强对特困村和特困户的帮扶。脱贫致富贵在立志，只要有志气、有信心，就没有迈不过去的坎。

阳春三月，一场倒春寒让气温剧降，绵绵细雨之中，湖南省湘西州花垣县双龙镇十八洞村梨子寨，游客络绎不绝。冷风细雨，也没有影响游人兴致。

远眺，群山环抱、薄雾萦绕的梨子寨宛如仙境；进寨后，蜿蜒的石板路平整洁净，青瓦木屋错落有致。

石拔专老人家里，火塘烧得正旺，上面挂满熏黑的腊肉，香气四溢。不断有游客提出跟她合影留念，老人始终面带微笑，不厌其烦地配合着。

精准坪是游客必去的打卡地，刻在石头上的"精准扶贫"四个红色大字，非常醒目。坪的一边是悬崖，对面是云雾缭绕的群山，若隐若现。

2023年3月18日，记者第七次来到十八洞村采访，寻常场景中透着亲切，但每次总有新发现。

再次见到杨再康，这个经营农家乐的中年汉子踌躇满志，准备今年大干一场，言语中充满自信。村里传播茶文化和诗歌的志愿者们，讲述着发生在十八洞村的故事……

地处武陵山深处的十八洞村，是一个典型的山区村，平均海拔700米，村内巉岩高耸、沟壑纵横，不同于今天便捷的交通，10年前的交通极其不便。

和湘西其他山区村一样，大山阻碍了村庄的发展。曾经的十八洞村，"没有产业口袋空、没有老婆家庭空、没有人气寨子空、没有精神脑袋空"，被戏称为"四大皆空"。

"山沟两岔山旮旯，红薯洋芋苞谷粑；要想吃顿大米饭，除非生病有娃娃。"这首苗族民歌是早年十八洞村及周边贫困村民生活的真实写照。

收入数据更能说明问题，2013年，全村人均年收入仅1668元。

2013年11月3日，习近平总书记来到十八洞村考察，在梨子寨凹凸不平的土院坝里召开座谈会，首次创造性提出"精准扶贫"重要理念，作出"实事求是、因地制宜、分类指导、精准扶贫"的重要指示。

从此，沉寂千年的梨子寨沸腾了，十八洞村开始探索可复制、可推广的扶贫模式。精准扶贫理念在深刻改变十八洞村的同时，在全国各地深入实施。

10年，在历史长河中不过是短短的一瞬，但对十八洞村来说，十年胜过千百年。

10年来，十八洞村民始终牢记总书记的殷切嘱托，拼搏奋进，用精准扶贫杠杆撬走贫困大山，从破题"等靠要"思想开局，以提升"造血"能力为重点，改善人居环境，因地制宜发展猕猴桃、山泉水、苗绣、乡村旅游等产业，成功带领群众脱贫并实现全面小康，日子越过越红火。

2022年，十八洞村人均年收入达到23505元，村集体经济收入达380万元。

更重要的是，十八洞村探索出一条可复制、可推广的脱贫模式。

十八洞村驻村第一书记、乡村振兴工作队队长田晓告诉记者，当前，十八洞村在巩固脱贫攻坚成果的同时，正稳步走向乡村振兴。

统一思想，增强内生动力

在十八洞村，习近平总书记同村干部和村民代表围坐在一起，亲切地拉家常、话发展。总书记指出，脱贫致富贵在立志，只要有志气、有信心，就没有迈不过去的坎。

十八洞村包括梨子寨、竹子寨、飞虫寨和当戎寨4个寨子。曾经，梨子寨最为贫穷，山多地少，且多是巴掌地，散落在山头、沟谷甚至悬崖之上。

总书记到十八洞村考察调研后，花垣县第一时间传达学习习近平总书记重要讲话精神，召开了十八洞村群众大会、县委常委会会议和全县干部大会等。

2014年初，花垣县委成立了十八洞村精准扶贫工作队，队长是时任县委宣传部常务副部长龙秀林。

龙秀林曾长期在乡镇工作，也听说过十八洞村的情况，对于村里的贫困，他多少知晓一些，但驻村之后发现，情况比设想的更差。

上任第一天，村里为扶贫工作队搞了个欢迎仪式，听完县领导介绍工作队情况后，台下没有一个人鼓掌欢迎。村民们用苗语交头接耳，有人说，县里对十八洞村扶贫不重视，派了个没资金没项目、只带来"一张嘴"的宣传部副部长担任扶贫队长。

龙秀林是苗族人，能听懂苗语，见村民不仅不欢迎，还挖苦，心里顿时凉了半截。

这还只是个开始。当天，十八洞村所在的乡党委书记告诉龙秀林，有个麻烦事，急需他去处理。

竹子寨要修一条乡村公路，需占用一些村民的承包地，村民施长寿家坚决不同意，县里、乡里、村里做了多次工作，他始终不松口。而村民们修路愿望迫切，一些人想强行动工。这势必会产生冲突，甚至有可能发生流血事件。

而工作队领到的第一个任务是在一周之内，把十八洞村贫困户情况弄清楚，需要一户户上门详细了解情况，然后上报县委、县政府，供研究部署精准扶贫工作时参考。

左右为难，龙秀林担心发生冲突，决定先去看看。最终，事情算是处理好了，但对他触动很大。

接下来，陆续推进的农网改造、村道扩建、人居环境整治、产业发展等工作同样阻力重重。

还有一个问题绕不过去，十八洞村是由以前的竹子寨和飞虫寨在2005年合并而成，两村村民形合而心不合。

甚至有村民找到扶贫工作队问，这次带了多少钱，希望分到钱。

龙秀林深刻体会到总书记说的"脱贫致富贵在立志"，他深知，根本问题还在于思想，村里干什么事，首先要村民思想上通。当务之急，要发挥党组织的作用，做好群众工作，统一思想。

当然，他也知道，思想工作需要潜移默化，短时间难见成效，但村里的扶贫、发展不等人，耽搁不起。

有段时间，龙秀林常常夜不能寐，黝黑的头发不知不觉间花白了。

欲速则不达，磨刀不误砍柴工，龙秀林深刻体会到县委安排他担任精准扶贫工作队队长的用意。作为宣传部副部长，要钱没有，要项目也没有，强项就是通过党建、文化来统一思想、凝聚人心，增强内生动力。

想到这些，龙秀林反而不急了，他跟时任十八洞村第一书记施金通和工作队员商量后决定，把修路、农网改造等和建设相关的事项放一放，先完成两个任务：一是村"两委"班子建设，着力打造一个善于做思想工作的班子；二是思想建设，让"等靠要"思想远离十八洞村。

十八洞村以2014年村级"两委"换届为契机，选拔党性强、能力强的优秀党员为村党支部书记，并从农村致富能手、回乡大中专毕业生等人群中选拔人才进入支委会、村委会班子。同时，加强党员干部队伍建设和制度建设，健全"党支部领导、村民代表大会决策、村民委员会执行、村民监督委员会监督"四位一体的农村治理模式。

随后，村里通过道德讲堂方式，让全体村民参与评价。刚开始每月以组为单位评比一次，后来改为一年评一次，由群众投票决定，当场宣布结果，张榜公示。

评比主要涉及六个方面，即支持公益事业建设、遵纪守法、个人品德、家庭美德、社会公德、职业道德，每个方面16~17分，总分是100分。

开展道德讲堂活动时，村民一个个坐在会场，焦急地等待评比结果。

在梨子寨进行第一次道德评比后，老教师杨东四对龙秀林说，"龙部长，你这一手把我们老百姓都搞出汗了"。

那次，施六金是倒数第一，这对他触动很大。农网改造时，要在他家土地上竖一根电线杆，他总是找扶贫工作队的麻烦，村民看在眼里，记在心里，评比时给他的分值就低。

此外，村里还举办篮球赛、文艺晚会，组织苗歌会、赶秋节、鹊桥会等丰富多彩的活动，坚持扶贫与扶志结合，把乡风文明建设与精准扶贫结合起来，并提炼了"投入有限、民力无穷，自力更生、建设家园"作为十八洞建设精神。

慢慢地，村民们的观念开始改变，摒弃了"等靠要"思想，内心有了发展的愿望，对于集体建设态度发生很大转变，从横加阻拦、冷眼旁观到全力支持、主动参加。

在村里的公益事业上，村民争相出力出地，很多有志青年回到村里建设家园。

施六金后来成了村里建设的积极分子，在村里免费当导游，成为公认的好村民。

龙先兰的转变也颇具代表性。他是一个孤儿，吃百家饭长大，成年后一直未找到合适的事做，游手好闲，常常喝闷酒，对村里的扶贫工作也不支持。

一次，时任湖南省分管扶贫工作的副省长到村里调研，龙先兰刚好从外地务工回来，因为对工作队没有分钱发物有意见，听说有省领导在村里检查工作，在一些村民的怂恿下，龙先兰趁龙秀林汇报工作时突然闯进会场说："省长，工作队来了，我没有老婆！"

汇报自然没法进行下去。副省长让龙先兰说下自己的情况，然后去了他家里。龙先兰家的木屋挺大，但因没有维护，经常漏雨，屋里被雨水砸出很多坑，物品胡乱堆放，锅碗也丢在一边。

见此情景，副省长对龙先兰说："你穷就因为一个'懒'字。"

懒的根源是脱贫内生动力不足。后来，龙秀林对口帮扶龙先兰，把他当作亲兄弟。渐渐地，龙先兰不仅丢掉了"懒"字，还积极参与村里的大小事务。在扶贫政策的帮助下，龙先兰发展蜂产业，脱了贫、脱了单，还成为村里的产业带头人。

修旧如旧，人居环境换新颜

习近平总书记明确要求"不栽盆景，不搭风景"。

群山环绕中的十八洞村，远看风景如画，特别是地势较高的梨子寨，房屋依山而建，鳞次栉比，重叠相连，甚为壮观。

但10多年前走进寨子，村道泥泞，猪粪、牛粪遍地，一些几十上百年的老屋因年久失修而破败不堪、摇摇欲坠。

走进一些村民的房屋，空间逼仄，地面坑坑洼洼，杂物胡乱堆放。

彼时，225户939人的十八洞村，大龄未婚男青年就有40多人，村里居住环境差是原因之一。

"有女莫嫁十八洞，一年四季吃野菜，山高沟深路难走，嫁去后悔一辈子。"这曲苗歌，唱出了十八洞村单身汉们的无奈。

进行村居环境改善时，十八洞村严格按照习近平总书记调研时提出的要求。村里不搞高大上的项目，不大拆大建，按照"人与自然和谐相处、建设与原生态协调统一、建筑与民族特色完美融合"的要求，以"把农村建设得更像农村"为理念，以打造"中国最美农村"为目标，把"鸟儿回来了，鱼儿回来了，虫儿回来了，打工的人儿回来了，外面的人儿来了"，作为十八洞村建设方向。

同时，按照"修旧如旧"原则，保持原有风貌，展现民族特色，保存苗寨风情，将景区打造与房屋改造、改厨、改厕、改浴、改圈等"五改"工程相结合。

很快，全村225户房前屋后铺上了青石板路，房屋在保持原有苗寨风格的基础上进行了修葺，村里还建设了停车场、公共厕所、观景台和千米游步道。村里升级改造了村小学和卫生室，建立了村级电商服务站，无线网络覆盖全村。

经过改造，泥巴路变成了青石板路，破木屋变成了青瓦房，还砌上了极具苗乡特色的泥巴墙，十八洞村成为名副其实的美丽村落，实现了"天更蓝，山更绿，水更清，村更古，民更富，心更齐"18字目标。

村容村貌巨变，让村民们看到了摘掉贫困帽子的希望，干事的劲头越来越足，村里的大龄青年也燃起"脱单"的希望，短短几年，不少人成功脱单。

因地制宜，产业实现了大发展

在十八洞村召开座谈会时，习近平总书记指出，贫困地区要从实际出发，因地制宜，把种什么、养什么、从哪里增收想明白，帮助乡亲们寻找脱贫致富的好路子。

统一思想后，村民迫切想发展，对于修路、农网改造等公益事业越来越支持。

路宽了，电灯更亮了，村庄焕然一新，自然要考虑如何脱贫致富。

以前村里也有扶贫工作队，他们也很努力，给村民发钱发物，给村民发小猪、发鸽子，让他们搞养殖，但有些村民并不擅长。于是，工作队一走，产业没了，又回到了原点。

龙秀林认为，这种包致富的模式太粗放，不能实现产业可持续发展。如果精准扶贫仍然这样，应该还是脱不了贫，也肯定不是总书记要求的精准扶贫。

经过走访听取群众意见、反复研究，龙秀林和扶贫工作队定下一个基本思路：必须因地制宜，跳出十八洞来建设十八洞，不能再走输血式扶贫老路，必须造血式扶贫，因地制宜发展产业。

十八洞村把产业建设作为深入推进扶贫开发的核心举措，在因地制宜基础上，探索出适合十八洞村的养殖、种植、加工、旅游、劳务输出等五大产业。

发展产业时，十八洞村注重益贫性，摸索出"四跟四走"，即资金跟着穷人走、穷人跟着能人（合作社）走、能人（合作社）跟着产业走、产业跟着市场走——整合资金，利益共享，让市场主体带着贫困户闯市场。

紧随其后，一系列产业扶贫项目接连落地。为了让项目可持续，采取的均是市场化机制、公司化运作，把企业、贫困户紧密结合到一起，形成产业扶贫合力。

村里引进苗汉子合作社，成立十八洞村苗汉子果业公司。苗汉子合作社出资306万元，占51%的股份，十八洞村542名贫困人口以产业扶贫资金入股，294万元占股27.1%。以这个公司的名义，投入1600万元建设千亩猕猴桃产业园。

当时，公司与村民凑了600万元，还差1000万元没有着落，这钱县里也能拿出来，但那样就不是市场行为。于是，县里想方设法找到华融湘江银行湘西支行，以1000亩土地的经营权作为抵押获得了贷款，这也是湖南以土地经营权作为抵押获得贷款的首例。

考虑到村里有发展苗绣的基础，2014年，老支书石顺莲牵头成立苗绣合作社，组织一批村民制作苗绣。

2023年3月18日下午，十八洞苗绣乡村振兴示范基地内，既具有民族特色又时尚的苗绣产品吸引了众多游客争相购买。龙先兰的妻子吴满金在此从事销售工作，送走两拨游客的间隙，她告诉记者，自己上班时间基本是朝九晚五，苗绣生意越来越好，月收入有 4000 元左右，还能照顾孩子。

见村里环境变好，游客慢慢增加，一些有远见的村民在工作队的鼓励下开起农家乐。

杨再康是其中代表性人物。前些年，他把家里的房子翻修了一下，更宽敞了，生意越来越好，他也越来越自信。

记者采访当天，杨再康已接待了 5 桌游客，每桌按 500 元的标准，营业收入为 2500 元。他说，今年的生意肯定不会差，如果村里的溶洞旅游开发起来，游客会更多。

村里还建起矿泉水厂，每年给村集体固定分红 50 万元，且每销售一瓶水给村里 1 分钱。

在几任扶贫工作队、村"两委"和全体村民共同努力下，一个个产业项目落地，十八洞村村民腰包渐渐鼓了起来。

脱贫之后，有效衔接乡村振兴

通过发展产业实现就业，十八洞村村民的收入增加了，信心增强了，发展动力越来越足，眼界也越来越开阔。

2017 年 2 月，十八洞村和湖南省另外 1000 多个贫困村同时脱贫出列。

脱贫摘帽不是终点，而是新生活的起点。作为精准扶贫首倡地的十八洞村，如何巩固脱贫攻坚成果、有效衔接乡村振兴，成为十八洞村面临的新挑战。

2021 年 5 月，在湘西州政府办工作的田晓被选派到十八洞村。

作为首任乡村振兴工作队队长，田晓表示，这两年，为做好巩固拓展脱贫攻坚成果与全面推进乡村振兴有效衔接，十八洞村严格按照"四个不摘"要求，确保帮扶政策稳定，建立健全防止返贫监测与帮扶机制，持续强化驻村帮扶力量，定期入户走访排查，着力强弱项、补短板、防风险，严守稳定脱贫不返贫底线。

上任后，田晓和工作队成员经过深入调研、多次开会讨论，考虑到村里产业形态的不断丰富升级，将以前的五大产业重新归类为三大，即种植养殖业、苗绣和旅游。

其中，种植业包括猕猴桃、油茶等。村里一如既往地大力发展猕猴桃产业，在提升水果品质、拓宽销售渠道后，2022年产量达200吨。2022年，十八洞村还以品牌入股，与一家茶油企业合作种植油茶，每年可为村集体分红120万元以上。利用品牌优势，与爱心企业家合作，采取"飞地"模式，大力发展"十八洞村酒"品牌，实现增收。

苗绣方面，2022年引进一家苗绣企业，和村里的合作社合作。持续开发新产品，并与中车株机、湖南工业大学签订合作协议，发展苗绣订单业务，实现产值45万元，带动54名留守妇女在家门口就业，给村集体分红20多万元。

旅游方面则着力做好红色、绿色、古色"三色"文章。按照以文塑旅、以旅彰文原则，坚持走文旅融合发展之路，不断做大做强乡村旅游优势产业。

一方面，着力打造实景课堂，进一步升级精准扶贫展厅、景区游客中心、精准坪广场，建强建优景区导游和宣讲员队伍；另一方面，加大旅游配套建设，相继实施一批重点项目，地球仓悬崖酒店项目正式营业，建成 377 米林间栈道、360° 悬崖咖啡、多功能会议室、全日制餐厅、智慧服务中心等共计 22 栋住宿和配套设施。

考虑到随着十八洞村知名度提升，想来研学的人和机构很多，但因没有相应的接待设施，很多人未能成行。再加上，旅游主要集中在梨子寨和村部所在的竹子寨，很不均衡。

十八洞田园综合体应运而生，项目选址当戎寨。这个项目是集现代农业、文化旅游、田园社区、品牌打造等功能于一体的区域发展共同体。

随着传统项目升级和新项目实施，十八洞村产业发展迈上新台阶，逐渐实现高质量发展。更为重要的是，作为精准扶贫首倡之地，十八洞村注重共享发展成果，朝着共同富裕目标迈步向前。

田晓说："村民们都铆足了劲，在乡村振兴方面也希望探索出可复制、可推广的模式。"

十八洞村简介

十八洞村位于湖南省花垣县双龙镇西南部，地处高寒山区，平均海拔 700 米，因村内有众多天然溶洞而得名。全村总面积14162 亩，人均耕地面积 0.83 亩，含梨子寨、竹子寨、飞虫寨、当戎寨 4 个自然寨 6 个村民小组，共 239 户 946 人，是一个典型的苗族聚居贫困村。

10 多年来，花垣县委、县政府牢记习近平总书记的殷切嘱托，派出驻村工作队与村"两委"一起带领全体村民因地制宜发展特色种植、乡村旅游、山泉水、苗绣和劳务经济"五大"产业，成功探索出"四跟四走""党建引领、互助五兴"等可复制、可推广的精准扶贫经验。

2016 年，十八洞村村民人均纯收入从 2013 年的 1668 元增至 8313 元，在全省第一批退出贫困村行列。2022 年，十八洞村人均纯收入跃升至 23505 元，村集体经济收入达 380 万元。

相关链接

《习近平在湖南考察时强调　深化改革开放推进创新驱动　实现全年经济社会发展目标》，《人民日报》2013 年 11 月 6 日。

《总书记带领我们"精准脱贫"》，《人民日报》2018 年 10 月 5 日。

中共湖南省委：《努力书写精准扶贫时代答卷》，《求是》2020 年 7 月 1 日。

《习近平在湖南考察时强调　深化改革开放推进创新驱动　实现全年经济社会发展目标》，《人民日报》2013 年 11 月 6 日。

闽宁镇：闽宁协作乡村振兴新篇章

闽宁镇探索出了一条康庄大道，我们要把这个宝贵经验向全国推广。

时隔多年，银川市永宁县闽宁镇原隆村村民何利霞，仍常常想起 2016 年 7 月 19 日的场景。

那天上午，习近平总书记来到闽宁镇原隆村，实地察看闽宁协作开展移民搬迁安置和脱贫产业发展情况。

在蔬菜种植大棚里，习近平总书记与移民何利霞唠起了家常：哪一年移民过来的？收入怎么样？

言语间都是贴心的家常话，何利霞能真切感受到总书记对移民群众的深深牵挂。了解到何利霞务工每月能挣 2100 元后，总书记祝愿她："希望你们家生活越过越好！"

后来，何利霞在银川一家饭店务工，工作不算太累，每天能挣到 100 元。生活在逐步变好，孩子们陆续走上工作岗位，曾是建档立卡贫困户的何利霞对未来充满希望。

位于银川南端、贺兰山东麓、永宁县西部，何利霞家所在的闽宁镇东邻西干渠，南与青铜峡市邵岗镇甘城子为界，北至西夏王陵。

作为一处生态移民点，闽宁镇由时任福建省委副书记习近平亲自提议，由福建和宁夏共同建设。2016 年在闽宁镇考察时，习近平总书记深情谈起 19 年前在福建工作时推动闽宁合作的情景。

1997 年春，时任福建省委副书记的习近平同志来到宁夏，调研对口帮扶工作，部署"移民吊庄"工程（指贫困地区群众整体跨区域搬迁），创造了东西部协作发展的崭新模式。

如今，当年8000人的贫困移民村，已经发展成6万多人的生态移民示范镇。2022年，全镇移民人均可支配收入达到16775元。而在1997年，这里的人均可支配收入仅500元。

"闽宁镇探索出了一条康庄大道，我们要把这个宝贵经验向全国推广。"看到闽宁镇的喜人变化，习近平总书记打心眼儿里感到高兴。

建设闽宁村，习近平同志的设想

瓦蓝的天幕下，贺兰山显得更加峻峭挺拔。

漫步在闽宁镇宽阔整洁的街道，放眼红砖赤瓦、燕尾山墙，很多屋顶被设计成两头尖尖翘起的福建民居风格。

除了品尝烤土豆、浆水面等特色美食，外来游客更喜欢听移民讲述搬迁致富的故事。

站在闽宁镇入口处的牌楼前，王升向记者讲起那段移民搬迁的历史。1990年10月，宁夏南部山区西吉、海原两县的1000多户百姓，搬迁到首府银川市近郊的永宁县境内，建立玉泉营、玉海经济开发区。

作为闽宁镇第一批移民，59岁的王升是这段历史的亲历者、见证者和参与者。1991年，27岁的他和家人从固原市西吉县兴平乡高崖村搬来，当时的身份是西吉县偏城乡人民政府工作人员。

地处黄土高原，西海固（西吉、海原、固原）山大沟深，水土流失严重，极端气候多发。因为极端干旱天气，群众面临吃水困难。种地则是靠天吃饭，赶上干旱，往往颗粒无收。收成没有保障，群众长期处于半饥半饱状态。

由于自然条件恶劣，西海固地区被联合国世界粮食计划署认定为"不适合人类生存的地方"。早在 1982 年，"三西"地区（甘肃的河西、定西和宁夏的西海固）就被列为全国第一个区域性扶贫开发实验地。

说起搬迁，王升眼前就像过电影一样，仿佛就在昨天："天上无飞鸟，地里不长草，十里无人烟，风吹沙粒跑"，这是他对闽宁最初的印象。"由于水土不服、土地贫瘠，且面临耕作方式的转变，很多群众逃了回去，最初的移民工作反反复复。"

时光回溯至 1997 年。根据中央东西部扶贫协作的战略部署，福建对口支援宁夏，世代居住在西海固贫困山区的数万百姓，整体搬迁至贺兰山东麓。

时任福建省委副书记的习近平同志担任福建对口帮扶宁夏领导小组组长。1996 年 11 月，闽宁对口协作第一次联席会议召开，签署了对口帮扶协议书。

1997 年，习近平同志率福建党政代表团深入宁夏南部山区考察，参加闽宁对口扶贫协作第二次联席会议。

6 天的考察时间里，习近平同志翻山越沟，走访了 5 个对口帮扶县，察看吊庄搬迁、梯田建设、井窖抗旱等项目，并探访贫困家庭。在跟宁夏的同志商量后，习近平同志敲定了几件事：搞井窖、坡改梯（田）和发展马铃薯产业。

在调研西吉移民搬迁的吊庄玉泉营时，习近平同志提出建设闽宁村的设想。从西海固移民到银川，投资很大，他建议搞一个点，打造成具有样板意义的闽宁协作示范村，移民迁得出、稳得住、能致富。

闽宁镇因扶贫而建，因脱贫而兴。一批批移民在戈壁滩上创业拓荒、发展产业，一批批福建干部、专技人才赴宁挂职、帮扶……作为东西部扶贫协作的示范点，闽宁村是习近平总书记"亲自提议、亲自命名、亲自推动建设的"。王升告诉记者："闽宁村奠基那天，他还专门发来贺信。"

闽宁协作改变她的人生

检验产品是否合格后，将熨烫好的衣服打包封装，这是闽宁镇富贵兰扶贫车间包装组组长王文娟的日常工作。

如果没有闽宁协作，自己的人生会是什么样？王文娟不敢想象。

21 年前，王文娟高中毕业，未能考上大学。受福建支教数学老师郭瑞鹤影响，听说福建莆田有企业要招工后，王文娟很想去。

当时，在她的老家西吉，多数女孩子初中没毕业就辍学了。看到有不少学生小小年纪就辍学结婚，郭瑞鹤特别心痛。她劝孩子们："即便将来考不上大学，你们也应该借闽宁对口帮扶这一机会，去外面的世界看看。"

从那时起，"去外面看看"五个字深深地埋在了王文娟的心中。

当时，闽宁协作已推进多年。在加强产业合作、资源互补、劳务对接、人才交流等方面，闽宁两地合作的机制越来越完善。其中，在聚焦农村人口就业增收方面，两地不断加强劳务协作，吸引闽商来宁投资建厂，输送务工人员赴闽。

抓住闽宁两地劳务对接的契机，王文娟成了赴闽务工群体中的一员。

火车驶入福建境内，王文娟印象最深的是满眼绿色，"山上郁郁葱葱全是树，还有清澈的河流"。这样的场景与家乡有天壤之别，"家乡满山光秃秃，没有一棵树，稍微平坦的土地都开荒种了庄稼。风一吹，就刮起沙尘暴"。

到莆田务工，王文娟开启了别样人生。城市姑娘的流行服饰和洋气发型，让她感到自己与社会脱节了。去福建之前，妈妈专门到裁缝铺给她做的新裤子，下了火车才发现，和工作服差不多。

除了目之所见的不同，王文娟还感受到两地经济的巨大落差。初到莆田，王文娟每月能挣约 1600 元，之后逐渐涨到近 3000 元。而在老家的小叔，在建筑工地辛苦一天仅能挣到 30 元，卸一大卡车沙子的劳务费仅仅 5 元钱。进厂务工的第三个月，王文娟就花了 3000 多元给家里换了一台大彩电。在福建务工 3 年期间，她没有回过家，也没有请过假。

闽宁协作中，改变人生的不止王文娟一人。自福建、宁夏两省区建立对口扶贫协作关系后，闽宁劳务协作随即展开。

历史性地告别绝对贫困

贺兰山东麓，北纬 38.5 度，是酿酒葡萄种植的"黄金地带"。

依托独特的气候优势、区位优势，闽宁镇将葡萄种植和葡萄酒产业作为产业带动的"先手棋"进行重点培育。目前，全镇酿酒葡萄种植近 8 万亩，年产量达到 2.6 万吨。

葡萄产业，是闽宁镇产业发展的缩影。通过引进各类企业 40 余家，闽宁镇培育形成了特色养殖、特色种植、文化旅游、光伏发电、商贸物流五大支柱产业，酿酒葡萄、肉牛养殖、设施农业等主导产业实现了集约化和规模化发展。

伴随产业的发展，闽宁镇群众的"钱袋子"越来越鼓，年人均可支配收入从 1997 年的 500 元，增至 2022 年的 16775 元。产业的发展，为群众提供了稳定就业及经济来源。

作为新一代移民，刘莉已很难想象第一代移民经历的艰辛。

2013 年 8 月 2 日，她和家人从宁夏固原市隆德县温堡乡大麦沟村搬到闽宁镇原隆村。仅象征性地交了 12800 元，刘莉一家领到一处 54 平方米的房子和 4 分地的院子。

对于新家，她非常满意，"门口道路是水泥硬化路，家中通了水、电，学校、卫生室就在家门口"。

采访中，刘莉向记者讲述了搬迁之前的生活光景。男人外出打工谋生，老人、妇女和孩子留守在家。一家人再勤快，一年到头也只能勉强填饱肚子，年份不好的时候还要吃救济。

搬出大山，来到平川，成为刘莉一家命运的转折点。因为吃过苦，走出大山的她格外珍惜每一次机会。栽过树，挖过洋葱，在工地上做过饭，还在城里干过家政，再苦再累，她也从没有怨过怕过。

如今，夫妻二人在原隆村的立兰酒庄工作。除草、采摘葡萄、洗酒瓶、灌酒包装，只有初中文化的刘莉从基层工种一点点做起，如今已经成为葡萄酒庄的车间主管。

工作稳定，夫妻俩每年有10余万元的收入。2016年，家中还添置了一辆小汽车。更让刘莉欣慰的是，家里还出了一个大学生。2021年，女儿考上了宁夏大学。

经历了从无到有、从穷到富的刘莉，特别感恩"移民搬迁"，感恩总书记的关怀。说起习近平总书记来原隆村这件事，刘莉虽然没能到现场，但她对总书记在原隆村的每一个细节都了解。

在原隆村党群服务中心，习近平总书记考察了民生服务大厅、卫生计生服务站，慰问了工作人员和来办事、就医的群众，还详细了解闽宁镇扶贫攻坚、福建省对口帮扶等情况。

自20世纪80年代开始，宁夏先后组织实施了吊庄移民、扶贫扬黄工程移民、易地扶贫搬迁移民、"十一五"中部干旱带县内生态移民、"十二五"中南部地区生态移民、"十三五"易地扶贫搬迁，累计搬迁群众123.27万人，占总人口的17.8%。

通过移民搬迁，西海固走出"一方水土养不了一方人"困境。通过因地制宜发展特色产业、实施生态移民和易地扶贫搬迁，宁夏80.3万贫困人口于2020年全部实现脱贫，历史性地告别绝对贫困。

站在新的历史起点上

随着合作领域不断拓展，机制不断健全，闽宁协作已从省区层面不断向基层、纵深延伸，"两地的医院、学校，相互结为友好院、友好校"。

为展示两地合作的深度，永宁县委常委、闽宁镇党委副书记李建军向记者讲述了这样一件事。

2022年，闽宁镇举办了一场农民篮球赛。李建军特意从厦门邀请了一支村队来参加。切磋球技的同时，两地村民交流加深，友谊得到深化。通过球赛，很多人成了好朋友。

闽宁协作，闽宁两地互派干部挂职，27年来从未间断。除党政干部外，还有科技人员、教师、医生等专业技术人才。

2021年初，李建军作为福建省第十二批援宁工作队队员来到闽宁镇。一年前，他因公到宁夏出差，这次出差让他对这片土地有了牵挂。当省里选派新一批援宁干部时，他主动报名。

如期完成脱贫攻坚后，闽宁协作踏上乡村振兴新征程。在发展经济的基础上，闽宁协作向教育、文化、卫生、科技等领域合作拓展。从单向扶贫到产业对接、从经济援助到社会事业多领域深度合作。

作为闽宁协作的重点项目，闽宁产业园正在加速建设。塔吊林立，机器轰鸣，建筑工人、施工车辆穿梭其中……在建设现场，记者看到项目快速推进的繁忙场景。

总规划面积 1439.40 亩，总投资 15 亿元，闽宁产业园由厦门市湖里区、思明区和银川市永宁县采取合作共建的形式共同开发建设。

围绕绿色农产品加工、新材料、纺织服装、机械制造等产业，该项目将培育一批特色明显、成长性好、带动性强的产业集群，力争到 2025 年，实现年产值 25 亿元，创造就业岗位 3500 个。

据介绍，闽宁产业园将被打造成推动东西部协作、乡村振兴的现代化示范产业园区。通过积极整合资源，福建、宁夏两省区资金优先保障、项目优先立项、产业优先扶持，统筹推进闽宁镇全面协调发展。

站在新的历史起点上，福建、宁夏两省区共同担负起开创新时代闽宁协作的历史使命。2022 年 9 月 4 日，闽宁协作第二十六次联席会议在银川召开。

福建和宁夏再次相约，不断加强产业合作、资源互补、劳务对接、人才交流。

闽宁协作，这份跨越千山万水的山海情谊，正在新征程上描绘乡村振兴新画卷。

闽宁镇简介

作为一处生态移民点，宁夏永宁县闽宁镇由时任福建省委副书记的习近平同志亲自提议，由福建和宁夏共同建设。

位于银川南端、贺兰山东麓、永宁县西部，闽宁镇东邻西干渠，南与青铜峡市邵岗镇甘城子为界，北至西夏王陵。

当年8000人的贫困移民村，如今发展成6万多人的生态移民示范镇——闽宁镇。2022年，全镇移民人均可支配收入为16775元。而在1997年，这里的人均可支配收入仅500元。

2016年7月19日上午，习近平总书记来到宁夏银川永宁县闽宁镇原隆移民村，实地察看福建和宁夏合作开展移民搬迁安置和脱贫产业发展情况。

相关链接

《总书记始终关心"闽宁协作"》，《人民日报》2018年10月6日。

《习近平触景生情，肯定闽宁合作宝贵经验》，人民日报全媒体平台2016年7月19日，http://m.people.cn/n4/2016/0719/c203-7244704.html.

战旗村：走在前列，起好示范

实施乡村振兴战略，这是加快农村发展、改善农民生活、推动城乡一体化的重大战略，要把发展现代农业作为实施乡村振兴战略的重中之重，把生活富裕作为实施乡村振兴战略的中心任务，扎扎实实把乡村振兴战略实施好。

2023 年 5 月 18 日，艳阳满天，花草葳蕤。战旗初心馆人头攒动，馆内陈列展示了习近平总书记考察战旗村的视频、照片、重要指示，以及战旗村乡村振兴的目标、思路、做法等。紧邻初心馆的战旗乡村振兴培训学院里，隐约传出报告会的声音。

村口一处景观缓坡上，"走在前列，起好示范"八个大字，告诉每一位参观者，战旗村在全面推进乡村振兴中，处在领先位置；提醒每一名战旗人，在全面推进乡村振兴征程上，肩负着践行习近平总书记嘱托的沉甸甸责任。

"压力很大，担心没有进步，总觉得时间和精力不够用。"在战旗村委会会议室，党委书记、村委会主任高德敏接受记者采访时如此开场。

2018 年 2 月 12 日，习近平总书记来到成都市郫都区战旗村，考察农村基层党建和集体经济发展。总书记充分肯定了战旗村党建引领、绿色发展、集体经济等方面的工作，称赞"战旗飘飘，名副其实"，并殷切期望把乡村振兴抓好，继续"走在前列，起好示范"。

5 年多来，战旗村牢记嘱托，紧紧围绕乡村振兴 20 字方针，大力实施"五大振兴"，探索出"组织引领、改革赋能、多元参与、共富共美"的乡村振兴新路子，实现了集体经济增值、农业增产、村民增收，把"走在前列，起好示范"落实到扎扎实实的业绩中。

2022 年，战旗村集体收入达到 680 万元，村民年人均可支配收入为 3.85 万元……

随着高德敏的讲述，一幅乡村振兴的生动画卷，徐徐铺开。

坚持党建引领

地处横山脚下、柏条河边的战旗村，是川西平原上一个典型农村。从 1965 年建村以来，历任党支部书记接续努力，敢闯实干，几十年如一日，一年接着一年干，坚持党建引领，抓集体经济发展，渐渐有了名气。

2010 年 12 月，接力棒传到高德敏手上，他成为战旗村第八任村支书。

"真是不当家不知盐米贵，当了书记才知道担子有多重，要发展有多难。"高德敏道出刚担任书记那段时间的感受。

最让他头痛的是带队伍。以前开会，为了让村民参加，村里会给村民代表和党员发补助，补助从最初的 5 元逐步涨到 20 元。

2013 年，一次村里召开党员会，因财务人员有事，补助没发成，之后再开党员会时，有两名党员让党小组组长转告高德敏：上次开会的补助没拿到，就不来开会了。

听到这话，高德敏心头一惊：如果今后不发钱了，是不是就不当党员了？他意识到问题的严重性，党员本来应该在村里起模范带头作用，怎么能开个会还讲条件？

很快，战旗村针对这个问题在党员中进行讨论。首先就是问自己为什么入党？经过多次讨论，最终形成党员的"三问三亮"办法，即一问自己"入党为了什么"，二问"作为党员做了什么"，三问"作为合格党员示范带动了什么"。"三亮"则是在家门口"亮身份"，在公示栏上"亮承诺"，年终考核评议"亮实绩"。

后来，村里发现，党员之间讨论出来的"三问三亮"办法很管用，让每名党员增强了身份意识、党性意识和责任意识，发挥表率作用。从那以后，村里每一名党员都开始为村里发展积极出谋划策，不讲条件。

"2018年2月12日，习近平总书记来四川考察时，亲临战旗村，我有幸当面向总书记汇报了我们村的工作。总书记听了我的汇报，看了战旗村的发展情况，又多次和村民亲切交谈互动。"高德敏说，总书记肯定了战旗村的党组织建设，指出任何地方搞得好，基层组织的作用非常重要，都是火车跑得快，全靠车头带。

高德敏回忆，总书记了解"三问三亮"情况后，说这些都是一个党员能够做到的，非常切合实际。

习近平总书记的肯定给了战旗村极大鼓舞。5年多来，战旗村在持续总结提升"三问三亮"基础上，进一步提出"六带头"，即提倡党员要"带头宣传党的方针政策、带头遵守公序良俗、带头做好自家卫生、带头顾大局谋长远、带头树立契约精神、带头创业致富"，在这六个方面起好带头作用、示范作用，让党员在乡村振兴中起表率、有担当。

冯忠会是村里的老党员，曾长期在村委会工作，2004年因身体原因卸任。如今，已到了含饴弄孙年纪的老冯却闲不住，在战旗酒坊担任生产厂长。

5月19日，记者在战旗酒坊，见他正穿着工装搞卫生。

冯忠会十分健谈，他告诉记者，战旗村有个很好的传统，就是每一届班子上任，都要对村里的资源和优势，包括土地、人才、技术、资金、信息等，进行全面分析，然后想方设法提高土地利用率，发展合适的产业。村里每一名党员都竭尽所能，为村庄发展献计出力。

冯忠会年轻时被村里安排外出学习，掌握了酿酒技术，后来担任村酒厂副厂长，1986年酒厂因经营不善倒闭。懂技术、有情怀的他，被新开办的战旗酒坊老板看中，请他出山相助。

"只要有利于村里的事业，每一名党员都有一份责任。"冯忠会说。

为了保证"火车"始终跑得又稳又快，战旗村党组织还按照"三好四化"做法，配齐配强村"两委"班子，培育了一支得力的村干部队伍。

高德敏解释，"三好"指的是品行好、智商好、身体好，"四化"是革命化、年轻化、知识化和专业化。"我们村干部队伍一直保持专业化和专职化，那种今天有生意就在外做生意，明天没生意又回来当干部，三天打鱼、两天晒网的不行。"

此外，战旗村还实现党建工作"七个满覆盖"，包括组织建设、教育监管、能力培训、制度建设、服务方式、干部选育、评优评先。

几十年来，战旗村始终如一，常年常态化加强村党组织和党员干部队伍建设，做到及时回应群众诉求、处理事情的态度和措施比较得当，不断增加村集体和村民的收入，村党组织的号召力和凝聚力不断增强，形成了党组织说话有人听、办事有人跟的良好氛围。

改革赋能　做强集体经济

了解战旗村集体经济情况后，习近平总书记指出，你们的集体经济强，人人参与有股份，大家都有获得感。

回顾战旗村的发展历程可以发现，抢抓改革机遇，围绕农业农村"土地"这一最大最根本的资源，大胆探索，盘活土地资源，让土地资源变资产、资本、股份，走上了乡村振兴的光明大道。

战旗村"两委"好学善思，关于中央、省市区对农村改革的政策，他们总是第一时间认真去学，不懂的就请教上级领导和专家。同时，战旗村经常组织村社干部、党员代表和村民代表到一些先进村参观学习。

所谓见多识广，他们发现，只有由村集体整合土地资源，掌握集体土地经营管理的主动权，才能盘活土地要素，加快推动发展。

战旗村把握了集体强、村民富的金钥匙。

2003 年，村党组织将落实整合土地资源作为主要任务之一，实行土地集中经营。村里采取每人"集中三分地"到村集体，由村集体经营管理，农业税由村里负担。从经济上来说，农民很划算，但毕竟是新鲜事，很多村民持观望态度。

当年，只集中了100多亩土地，而且是全村区位条件最差的。但无论如何，有了试验田。经过水田路等基础设施改造，引进蔬菜种植户，土地收益明显增加，村民开始由旁观转为积极参与。

很快，村里又迎来政策东风。2006年，成都市鼓励农用地集中规模化经营，郫县（后改为郫都区）出台对农用地集中经营的奖励政策。

经村"两委"商议，村民代表会议决议，形成了村民用承包权入股，村集体投入50万元流动资金，采取每亩800元保底，超过800元的土地增值收益村民再分一半、村集体留存一半的方式，集中土地600多亩，争取到了县农业部门基础配套奖励资金300万元。

有了这笔钱，基础设施建设得以提升。第二年的土地流转收益达到每亩1000元，集中土地的村民收益达到每亩900元，而当时未集中的地块，由于没有进行基础配套改造，流转费用只有每亩600元左右。

也就在那时，为了长远发展，战旗村进行了村庄规划。根据规划，农民集中居住，农产品加工集中发展，农用地规模化集中经营。正是这个规划，奠定了战旗乡村振兴的基础。

2007年，战旗村抓住"增减挂钩"政策，争取到"增减挂钩"资金9600余万元，启动了农民集中居住区建设。2009年4

月，村民都搬进了白墙黛瓦的二层小楼。

冯忠会也在那时住进了新楼，有关村里发展，他有说不完的故事。

快速发展的村庄，不断面临新问题。2011 年以后，由于集中居住，许多农民土地权属发生了变化，土地权属矛盾越来越严重。

于是，村党组织及时组织召开村民会议，经过近一年时间对权属问题的争论，最后 95% 以上的村民认为，以村为单位，对宅基地和农用地进行平均调整最公平。战旗村抓住成都市农村产权制度改革的机遇，确定了成员资格，对权属进行了调整。

在每个村民保留宅基地 80 平方米、农用地 1.137 亩之外，多出的全部土地由村集体经营管理。然后村集体对土地、附着物等进行清产核资，形成新的集体资产，并对集体经济进行股份制量化改革，把集体经济股份制量化到集体经济组织成员。

在村党组织领导下，经过村民代表会议讨论决定，形成符合战旗村实际的利益分配机制，将村集体净收益的 50% 用于公共积累扩大再生产，30% 用于村庄公共服务和社会管理等公益事业，20% 用于货币兑现村民股份分红。

当时形成的"532"分配标准，今日仍在使用。这不仅做大了集体经济，还为村里发展其他产业储备了土地资产。

2015 年，郫都区被列为全国农村集体经营性建设用地入市改革试点县，战旗村将原属村集体所办复合肥厂、预制厂和村委会老办公楼共 13 亩闲置集体土地，以每亩 52.5 万元的价格出让，收益超 700 万元。

这次行动，被称为四川省敲响农村集体经营性建设用地入市"第一槌"，从此打开了社会资本、民间资金有序进入战旗土地落户的大门。

2019 年至 2020 年，四川省进行乡镇（街道）行政区划和村（社区）建制调整"两项改革"，战旗村和金星村合并，成立新战旗村。

新村面积变大了，村民多了，党员人数翻了一番，村党总支升为村党委，但是，怎么让新老村民融到一起？如何让大家感觉一碗水端平？新合并的金星片区如何像老战旗村一样发展起来甚至发展得更好？

战旗村再次抢抓改革契机，用活用好政策，以做好两项改革"后半篇"文章为着力点，在更大范围推进村庄建设。

多次召开村民会议和村民代表会议后，村里形成了新的村民自治章程，新的集体经济组织成员身份认定办法、宅基地管理办法等制度，完善了集体经济组织经营管理收益分配机制，让原来不同的两个村子在制度上保持一致，在收入上逐步均衡。

以农为本　不断丰富业态

习近平总书记指出，要把发展现代农业作为实施乡村振兴战略的重中之重，把生活富裕作为实施乡村振兴战略的中心任务，扎扎实实把乡村振兴战略实施好。

一直以来，战旗村非常重视农业，农业是战旗村的基础。"现在，战旗村有5000亩地用于种植水稻。"高德敏说，与以往不同的是，今天采用的是规模化种植。

同时，战旗村在农业方面不断探索，形态越来越丰富，产值越来越大。

自2011年开始，战旗村成立农业股份合作社后，着力发展现代农业，如今形成了以有机蔬菜、农副产品加工、郫县豆瓣、食用菌等为主导的农业产业。

在做好农业的基础上，战旗村不断丰富业态，2018年开业的战旗村乡村十八坊就是其中之一。

2017年，村里开会，有人说战旗村和周边有很多传统手工业，能否集中起来采取"前店后厂"方式运营，这样可以减少污染，打造旅游景点，增加集体收入。这个建议马上得到响应，大家你一言我一语，最后参照"十八般武艺"，取名战旗村乡村十八坊。

5月19日上午，战旗村乡村十八坊唐昌布鞋店内，游客络绎不绝。

记者再次见到唐昌布鞋非遗传承人赖淑芳。赖淑芳回忆，总书记来到战旗村时，曾到服务大厅参观。在我布展的唐昌布鞋展台前，我鼓起勇气对总书记说，老百姓很感谢您，我想送您一双布鞋。总书记说，你送我不能要，拿钱买一双可以。

唐昌布鞋是我国南派手工布鞋的代表，需经过打布壳、打堂底、捶底等32道大工序、100多道小工序。

在制作工坊，几位师傅按不同工序忙碌着。正在楦鞋的张金成从事这一行业已经 20 多年，做事一丝不苟。"工资按计件算，每件 4 元。"张金成说，能在家门口就业很知足。

走进紧挨唐昌布鞋的酱园坊内，刘畅正系着围裙，手持工具搅拌晒缸内的豆豉。

1989 年出生的刘畅，大学毕业后曾在成都从事印刷、销售等工作，2017 年随女朋友来到战旗村。听说村里要打造乡村十八坊，刘畅决定留下来，开一家"酱园坊"。

刘畅和合作伙伴林波估算了一下，开设酱园坊，需买缸、买豆，投入 60 万元左右，但当时自有资金只有 20 万元，村里协助他们在银行贷了款。

2018 年 8 月，包括酱园坊在内的文旅综合体乡村十八坊开街。乡村工匠们的十八般武艺、农耕传统文化得到传承和展示。

刚开始，刘畅有些忐忑，不知道生意怎么样。当越来越多人品尝后说"确实是小时候的味道"，刘畅心里踏实了。

从大豆洗净、浸泡、蒸熟，到进行自然制曲，再经过翻、晒、露三部曲，晒够一年后，才生产出香气宜人的酱油。

酱园坊生意比刘畅预计的好，2019 年就产生了利润。他和林波决定增加投资，大干一场，未曾料到碰上疫情。无奈之下，只能将酱油做好发酵。2022 年底再拿出来卖，发现口味更好，销得特别快，2023 年初库存基本消化了。"今年 8 月份后，又要准备做新的。"虽然经历了波折，但刘畅相信生意会越来越好。

酱园坊边上，是冯忠会工作的战旗酒坊，总经理是从战旗村走出去事业有成的赵培健。

赵培健曾在浙江绍兴做纺织品生意，2018 年因养病回到老家战旗村。看到村里一天一个样，赵培健决定放弃经营多年的纺织品生意，2019 年在村里办起战旗酒坊。

优质的纯粮酿酒需要经验丰富的酿酒师，赵培健第一个想到了冯忠会。

投入 500 多万元后，赵培健并不急着马上看到成效，而是静静等待美酒和乡村旅游市场的香气溢出。

战旗村乡村十八坊的理念是，通过唤醒和展示乡村工匠的传统工艺来吸引游客，让"小作坊"变为"大产业"。如今，这些正逐渐成为现实。

乡村十八坊之外，村里还打造了壹里老街、天府农耕博物馆、台丽庄园、露营基地等一系列旅游项目。

从 2017 年以来的航拍图可以清晰看到，商业街、乡村十八坊、乡村振兴学院、壹里老街、天府战旗酒店等项目一个个落地，而每一个项目背后都是一个产业。

乡村振兴，关键在产业。不断丰富的业态，让战旗村的乡村振兴更有底气和可持续性。

人与自然和谐共生

党的二十大报告指出，必须牢固树立和践行绿水青山就是金山银山的理念，站在人与自然和谐共生的高度谋划发展。

人与自然和谐共生是中国式现代化的重要特征，促进人与自然和谐共生是中国式现代化的本质要求。

今天，当年的村民集中居住区成了战旗村景区的一部分。漫步战旗村大街小巷，在钢筋水泥的现代感下，触手可及的是乡村田园的野趣，吸引游人放慢脚步。

战旗村家家户户房前屋后空地，没有选择硬化或单纯为了美化而种花，而是根据村民自愿，有的种了花，有的种了蔬菜瓜果，有的还任由野花野草自然生长。

在房前屋后的巴掌地、边角地上，勤劳的战旗村民，没有让一寸土地浪费，有的种一棵花椒、李树或桃树，大树之下，有野花杂草，有的种十多株玉米、两架黄瓜、几棵莴苣，还有的种一两行辣椒、茄子、红苕，三五棵圆白菜、小白菜等，树上树下，草丛菜园中，蝶飞虫鸣，和谐地与村民生活在一起。

在这种自然生态下，没有划一的整齐美，每到收获季，偶尔还有些许乡村田间"凌乱"的收获感，如堆集的树枝菜叶。白天能见鸟飞蝶舞，夜晚可听蛙虫喧闹。

战旗村的村容村貌，让人好奇。高德敏解释，战旗村的居住理念是，在全村进行统一规划的前提下，允许各家各户保留小自由、小特色，实现农村生产、生活、生态"三生融合"，呈现原汁原味的乡村生活。

除主干路由村里统一硬化、美化外，对村民房前屋后、左邻右舍间的空地，一律保持原始状态，允许村民根据爱好自由发挥，搞"微菜园""微种植"。高德敏说："这也是传承，既保持了乡村特色，又充分利用了地力，村民在房前屋后种一些常见的蔬菜瓜果，不是为了钱，而是为了向娃娃们传承农耕文化，传承勤劳本色。下班之后，侍弄瓜果蔬菜，也是一种休闲一种乐趣。"

他坦言，村里也走过弯路，以前为了学城市，房前屋后不准种瓜种菜，而要种花放盆景。后来发现，那不是乡村特色，既不实用，也不受欢迎。

为了实现更大范围的"人与自然和谐共生"，近年来，村里一直坚持绿色发展。

20世纪90年代末，战旗村集体企业达到12家，产值上亿元。

2014年以来，战旗村按照"绿水青山就是金山银山"的理念，先后关闭和搬迁了先锋一砖厂、战旗预制板厂、郫县复合肥厂、润源铸造厂、战旗特种铸造厂，开始向绿色、生态的产业方向转型。

生态环境变好后，战旗村开始探路乡村旅游产业，走农文旅融合发展道路，实现村民在家门口就业的同时，让游客看得见山、望得见水、记得住乡愁。

"战旗村推动乡村振兴取得了一些成效，但也清醒地认识到，我们距离中央和省委、市委的要求，同先进的村相比，都存在一定的短板。"5月19日清晨，记者见到高德敏时，他再次表示，将努力向更先进的村学习，持续把长处做长，及时把短板补上。

战旗村简介

战旗村是川西平原上一个普通的农业村，距成都市中心45公里，与都江堰、彭州相邻。1965年开始叫战旗大队，1986年改为战旗村，2020年，相邻的金星村并入战旗村。

新战旗村总面积5.36平方公里，总人口4493人，有16个村民小组，耕地面积5430亩，其中基本农田3560亩，全村党员人数165人，村党委下设6个党支部。近年来，村里大力发展传统粮油、时令蔬菜、食用菌，以郫县豆瓣为代表的农副产品加工业和乡村旅游等产业，是一个典型的农商文旅融合发展的村庄，先后获得全国先进基层党组织、全国乡村振兴示范村、全国文明村等荣誉，成功创建国家4A级景区。

2022年，战旗村各方面产值合计约3.1亿元，村集体资产达到1.1亿元，村集体收入达到680万元，村民年人均可支配收入为3.85万元。

相关链接

《习近平春节前夕赴四川看望慰问各族干部群众 祝福全国各族人民新春吉祥 祝愿伟大祖国更加繁荣昌盛》，《人民日报》2018年2月14日。

许家冲：端好端稳生态饭碗

乡村振兴不是坐享其成，等不来、也送不来，要靠广大农民奋斗。村党支部要成为帮助农民致富、维护农村稳定、推进乡村振兴的坚强战斗堡垒。

湖北省宜昌市太平溪镇，西陵峡畔，紧邻长江三峡大坝左岸，有一个小村庄——许家冲。

许家冲是长江三峡黄金旅游带的关键节点，有着"坝头库首第一村"的美誉，全村俯临长江，景色秀美，区域面积6.87平方公里，人口599户1449人，其中坝库区移民占总人口的90%。

2018年4月24日下午，习近平总书记来到许家冲。总书记站在观景平台俯瞰村容村貌后，走进镇污水处理厂，来到便民洗衣池、便民服务室、电子商务服务站，还观看了三峡移民搬迁及安稳致富照片展。

如今的许家冲，先后获得"全国旅游示范村"等8个国家级"金字招牌"，已初步形成以红色旅游、特色餐饮、精品民宿、三峡文创等为主的绿色新业态。

新支书是个女"能人"

"游客络绎不绝来打卡，把我们村的特色旅游带火了！"

2023年4月初，三峡移民新村——许家冲迎来了第三任村支书谢蓉。"我们村是三峡生态屏障核心区，重要任务是保护三峡生态，在保护生态前提下，依托生态资源发展经济。"

5月中旬，记者来到许家冲。上任刚一个月的谢蓉带着记者参观了村里村外，这位远近闻名的女"能人"练瑜伽、弹钢琴，还在学英语。

2018 年 4 月，谢蓉就已经是许家冲创业带头人了。她当面向习近平总书记汇报了创办刺绣合作社，培训、带动妇女就业的情况。

当时，在村电商服务站，她拿着自己设计的中华鲟布艺挂饰，向总书记介绍"三峡·艾"刺绣产品。习近平总书记拿在手上闻了闻说，艾草有驱寒祛湿的功效。

那时，她的手工作坊只有 200 多平方米。习近平总书记对艾草产业的关注，让她增强了发展信心。后来，谢蓉与北京一家公司合作，共同推出"阿卡手工"品牌上电商平台销售；现在，艾草项目驶入"快车道"，扩建生产车间 1000 多平方米，实现年销售额近千万元。

作为"牵花绣"第五代非遗传承人，谢蓉在 2012 年组建了宜昌绣女工艺品专业合作社，带着村里的姐妹们开发出一系列牵花绣挂画、艾草绣花工艺枕、艾草车饰系列、艾草手工挂件等纯手工工艺品。

在村里，谢蓉是敢于"第一个吃螃蟹的人"。2015 年，5A 级景区三峡大坝免票开放参观时，谢蓉就在景区里竖起了第一块"吃移民饭，住移民家，看三峡最美夜景"广告牌。

紧接着，在自家宅基地边上，谢蓉修建了许家冲第一家民宿。2017 年国庆节期间，"三峡·艾"民宿开业，一开业，谢蓉就把民宿挂在网上，吸引了众多网民，借助网络的力量，"三峡·艾"成了村里最有名的民宿之一。

"我不会打牌，也不善于应酬，但喜欢折腾。"谈起创业经历，谢蓉把自己比作"探路者"，创业的那些日子磨炼了她，最艰难时，她也曾经闯进老支书办公室，委屈得哇哇大哭。

现在，村民吃上"旅游饭"，村里有了 38 家民宿。

在"三峡·艾"当民宿主管的谢莲莲，也学到"真经"，她把自家房子改建后，开起"宜佳人"客栈，打工自营两不误。

"我的管理团队已经成熟了，现在我已退出日常管理，主要精力用在村里的发展振兴。"从"绣娘"、民宿老板，到村支书，身份转变，谢蓉迅速把自己的"商业板块"托付给职业经理人，那是一群来自本村或邻村的"娘子军"。

"老百姓渴望发展，希望在家门口挣到钱。许家冲是移民村，山区地形，没有多少土地，只能立足于'三产'。"上任后的谢蓉挨家走访，向村民问计。发展方向和特色，就在走访中形成了，也在走访中统一了村民意见，更在走访中把村民动员起来了。

就地取材，就地绘景，让家家户户门前披绿见花，在大江边上，打造一个"推窗见花"的精致山村，不仅能让村子更美，村民的生活品质也像花儿一样好，就能吸引更多游人！

"点子群众出、方案集体定、材料就地取、用工本地找。"在村头一个敞亮院落，谢蓉向记者介绍，"绣球，花大色美，花期较长，这里即将打造成'绣球花园'，成功后，整个村子将用绣球花来装点。"

这是一个"造景"计划，稀疏的树荫下、林荫道旁、建筑物入口处，庭院一角，都可以种上绣球。按照谢蓉的想法，村里每家每户，也都要装扮起来，形成一家一"景"。她相信，这样一个"特色"山村，只有不断提升游客的体验感，才能让游客有得玩、留得下、有得带。

讲党课的副书记

"坝头库首第一村，三峡茶谷东大门。党员公约是根本，明示党员亮身份……"在许家冲村便民服务室，习近平总书记听到当地村民用三峡渔鼓调传唱的"党员公约"后，称赞渔鼓调很悠扬，"党员公约"的内容写得很好，喜闻乐见，朗朗上口。

渔鼓调是三峡宜昌地区流行于民间的一种说唱艺术，表演时怀抱渔鼓，边敲边唱。旧时村民居住在长江边，多以捕鱼为生，渔民边劳作边唱打鱼歌。

现在，新的"党员公约"开头加了一句："习总书记来我村，不负嘱托振乡村"。

"握着总书记的手，不知道从哪儿说起，平时再多的加班、再多的苦都值得！"当天参与诵唱的村民共有5人，其中之一是现任村支部副书记朱崇军，那时是村里的民兵连长，一身戎装的他，站在习近平总书记面前，引吭高歌。

两个月后，朱崇军当选村支部副书记，一干就是5年。

在村民心里，朱崇军有个亲切的绰号"虫嘎子"，当地方言的意思是哪里有需要就往哪里钻。

因村里没有保洁员，朱崇军自觉担起了这份职责。他在村里工作 13 年，就冲了 10 年公共厕所。早晨是卫生员，上班时是服务员，参观的人多时是讲解员。

朱崇军热爱自己的工作："今天接待了 4 拨客人，上了一堂党课，接待讲解 3 个单位，为村集体经济创收 2000 元。"

刚开始讲授党课时，朱崇军底气不足，慢慢讲，不断进步。讲移民从"贫穷扯皮"到过上"安稳致富"的日子，讲许家冲村垃圾分类，讲"三在"，即党员干部生活在人民群众中、人民群众生活在村集体中、基层阵地筑牢在老百姓心中，生动有趣接地气。

他的讲解获得大家认可，被人称为教授。听过朱崇军党课或讲解的参观者，不少都添加了朱崇军微信，在微信交流中，对他给予了很高的评价：服务热情、讲解幽默，有激情，有感染力。

习近平总书记考察许家冲后，勤劳朴实的许家冲人，热情接待了一批又一批慕名而来的参观者、学习者。朱崇军记得，"最累的一天"是 2019 年 6 月 30 日，一天时间里，他接待了全国各地 22 个党支部，3 个讲解员的嗓子都"冒烟"了。

从 2018 年 6 月开始到现在，他一共讲解了 220 堂党课，他养成了一个习惯，每堂党课讲完后，把听课者相关信息录入自己的统计表中，时间、单位、人数、联系人、联系方式，一目了然。

回村发展的带头人

当年习近平总书记驻足察看的太平溪污水处理厂有了新变化。2019 年，污水处理厂运维工作被三峡集团全面接管，2022 年启动整体更新改造。

"5 年来，太平溪污水处理厂累计处理了 300 多万吨的出水，所有出水全部达到了一级 A 的标准。"据太平溪污水处理厂运行人员卢婷介绍。

5 月中旬，厂区还在更新改造，增加新的工艺单元，改造后，污水处理能力将大幅提升。

其他基础设施也在加紧施工。

施工挡板竖了起来，挖掘机已经进场，紧邻污水处理厂的一处开阔地上，正在紧张施工，这里将建成停车场、"百家宴"餐厅及群众露天舞台，提升许家冲的接待能力与品质。

"6 个月后，这些项目将全部建成。按照设计，还包括一个大型沙坑，沙坑周边，小朋友可以荡秋千。"朱崇军透露，"游客在'百家宴'用餐，欣赏舞台上由村民表演的本地特色戏，村民既当'服务员'，又是演员，脱下戏服就可去跑堂端菜。"

许家冲是湖北省夷陵地花鼓传承基地，由当地村民自编自演的地花鼓《我送丈夫去打工》《丈夫打工回来哒》，在宜昌市比赛中获得二等奖。

晚上 8 点，朱崇军驾车从村部出发，沿着山路往上行驶，5 分钟后，来到村子里的一个观景平台，山上清风阵阵，山下灯火通明，朱崇军向记者隆重推荐三棵树"微"露营基地。

站在这个观景平台，放眼望去，永久船闸、秭归新县城、屈原祠、木鱼岛、西陵长江大桥、黄陵庙、毛公山等著名景点，一览无余。

"你看，那个最亮的就是三峡大坝升降机，这里是最适合观看三峡大坝上下游全景的地方，比三峡大坝景区最高的标志性建筑坛子岭还要高4米。"手指远处灯火，朱崇军逐一介绍当地标志性建筑物。

"头枕着三峡大坝，听滔滔长江水，仰望星光闪闪，堰塘里传来壳马子哼。"（"壳马子"，是当地方言，指的是青蛙；"哼"是叫的意思）这是朱崇军的创意，广告词早已烂熟于心。

三棵树"微"露营基地之所以"微"，一是只有10多顶帐篷；二是为了保护生态，山顶上不能建房子，甚至不能建厕所。

"这个项目不仅能增加村集体经济收入，还能给村里的民宿添一个'亮点'。"朱崇军说，"习总书记在我们村说，乡村振兴不是坐享其成，等不来，也送不来，要靠广大农民奋斗，村党支部要想各种办法，带领农民致富。"

摆在村支书谢蓉面前的急迫任务是摸清许家冲村的"家底"，进而思考，如何发展壮大村集体经济？乡村振兴战略，产业兴旺为根本，谋划产业发展，是头等大事。

"这么好的一块地，如果能够带动周边经济发展，助推村民发家致富，该有多好呀！""三峡风情园"位于许家冲，距三峡坝区观景制高点坛子岭仅600米，距三峡船闸300米，占地180多亩，是个半拉子项目。由于有关方经营不善，土地撂荒多年，村民也惋惜抱怨了多年。

记者在现场看到，整个园区空无一人，村民开荒拓地，种植了不少农作物，杂草在整个园区野蛮生长，与许家冲美丽的村容村貌、磅礴向上的气氛格格不入。

然而，这里曾经是整个村子最繁华的地方，三峡工程开通的第一条公交路线，在园门停靠，一度游客人头攒动，体验三国古战场，观赏婀娜多姿的"国宝"中华鲟。

据悉，湖北省委办公厅已经定点联系许家冲，重启"这个地块"被列入 2023 年第一件民生实事。

"三峡旅游这个大蛋糕，注定商机无限，许家冲的发展一定要配套三峡旅游，把撂荒或搁置的土地很好地利用起来，连片的地方，可以尝试开发成高端露营康养项目。"对于再次"唤醒"此块土地的生机，谢蓉充满憧憬。

"总书记到来给了我们巨大的鼓励，回家创业的信心十足。"2018 年 6 月，"85 后"青年望华鑫放弃了原先优越的生活条件和工作待遇，带着乡愁和创业热忱返回家乡，担任宜昌双狮岭茶业有限公司总经理。

望华鑫自学茶艺、快板等技能，开展《移民新生活》《三峡茶姑娘》等宣讲 60 余场次，在抖音平台以"茶二代"身份分享亲身经历、弘扬移民精神、传播茶文化。

望华鑫通过推广"公司＋基地＋农民"模式，稳定带动社员 630 户，安置三峡移民就业近百人，季节性就业达 400 余人，带动周边农户 1000 户。

除此之外，她还主动帮助许家冲村民销售各种农副产品，从 2020 年 4 月至今，通过网络平台销售茶叶 100 多万元，帮助当地村民增收近万元。

党建引领共奔好日子

"奉献、自强、感恩、阳光"，许家冲移民公园4根石柱上，8个大字熠熠生辉，村里宽阔的双向硬化车道、规划一致的民宿小洋楼、极具峡江风情的外墙壁画，房前屋后，枇杷挂满一树，行走在村里，路面洁净，满目绿色。

棒槌声依旧，在许家冲广场，公共便民洗衣池，村民仍然保留着用棒槌洗衣的传统。

2018年4月24日，许家冲公共便民洗衣池边，习近平总书记和村民们聊变化、话家常，还兴致勃勃拿起棒槌试着捶洗衣服。

"当时，总书记走到村广场旁的便民洗衣池边，接过洗衣用的棒槌，俯下身试着跟我们一样捶洗衣服。总书记祝我们日子越过越好。"谈起习近平总书记来这里时的场景，许家冲村民仍记忆犹新。

当时给习近平总书记递棒槌的村民刘正清回忆："我们当时正在洗衣服，总书记非常随和，走过来与我们拉家常，得知大家用无磷洗衣粉和肥皂洗衣服，总书记很欣慰。大家告诉总书记，过去是在江边洗衣服，现在村里建了洗衣池，用上自来水，污水也得到集中处理。"

笑声里，已经迈开步子向前走的习近平总书记转身对她们说：看你们日子过得好，我高兴！

"幸福食堂"正在装修，这里原是村干部食堂。谢蓉上任后，着力解决留守老人吃饭难题。稍作扩建后的食堂，80 岁以上老人就餐免费，70 岁以上老人象征性拿一点、村里补贴一点，普通村民 10 元一餐，村务接待也要放在这里。

"过去靠山吃山，这些年环境好了，村民们都吃上了旅游饭。"谢蓉说，现在村里制定并实施《太平溪镇许家冲村文明爱心超市兑换积分管理方案》，鼓励村民将可回收废弃物收集起来，获得积分，再用积分兑换生活用品，实现垃圾分类、日清日洁，大家都自觉养成了环保好习惯。

2020 年，许家冲渔民响应号召纷纷上岸，为生态环境建设贡献自己一份力量。为打造生态宜居乡村，许家冲还积极实施林相改造升级工程，增绿补绿，森林覆盖率达 85% 以上。

在"党员公约"基础上，许家冲充分发挥党建引领作用，纵深推进美好环境与幸福生活共同缔造，引导村民制定"村规民约"和"共富合约"，推动乡村振兴提质增效。

湖北三峡职业技术学院旅游与教育学院院长李风雷多次去许家冲蹲点研究。2022 年初，李风雷与他人合作的成果《党建引领乡村治理共同体的责任政治逻辑——基于"许家冲经验"的分析》一文发表。在这篇研究山村治理的文章里，李风雷认为，许家冲从散沙式社会到和谐乡村共同体、从贫困村到富裕村和生态文明村的进程中，党建引领发挥了极为重要的作用。

这种作用体现在：以"顾全大局的爱国精神、舍己为公的奉献精神、万众一心的协作精神、艰苦创业的拼搏精神"为内容的三峡工程移民精神遍布村里的每一个角落，移民精神逐渐内化为许家冲的"公共精神"。

目前，许家冲已荣获"全国模范人民调解委员会""全国民主法治示范村""全国综合减灾示范村""全国示范农家书屋""全国乡村旅游重点村""全国先进基层党组织""全国示范性老年友好型社区"等荣誉。

据了解，2022年，许家冲经济总收入达到1.25亿元，集体经济收入增至65万元，村民人均收入28480元。

这一数据表明，在贯彻落实习近平总书记有关保护好长江流域生态环境，共抓大保护，不搞大开发，守护好中华文明摇篮，推动高质量发展重要论述过程中，许家冲村坚定不移，以生态保护为本，把生态资源成功转化成了发展资本、发展潜力、发展动力。

在新征程上，许家冲人必将把生态环保饭碗端得更稳定、更有品质、更有信心。

许家冲村简介

宜昌市夷陵区太平溪镇许家冲村地处西陵峡畔，位于三峡工程左岸，是"三峡茶谷"、长江三峡黄金旅游带的关键节点，被誉为"坝头库首第一村"，区域面积6.87平方公里，人口599户1449人，其中坝库区移民1260人，下设5个网格，村"两委"班子6人，后备干部3人。

2018年4月，习近平总书记来到许家冲考察，对该村基层党建、生态环保、移民生活、产业发展等给予了充分肯定，对许家冲村用三峡渔鼓调谱曲的"党员公约"予以点赞。

5 年来，许家冲村坚决贯彻落实习近平总书记重要指示，切实把总书记的殷切关怀转化为奋进动力和发展优势，幸福生活蒸蒸日上。该村先后荣获"全国先进基层党组织"等 8 个国家级荣誉。

相关链接

《习近平在湖北考察时强调　坚持新发展理念打好"三大攻坚战"　奋力谱写新时代湖北发展新篇章》，《人民日报》2018 年 4 月 29 日。

《长江水甜：蓝色走廊上的心手相牵》，中国日报网 2023 年 4 月 26 日，http://hb.chinadaily.com.cn/a/202304/26/WS64489434a-310537989371ad7.html.

《"看得出来，总书记为我们高兴"——湖北宜昌市许家冲村村民谭必珍》，人民网 2019 年 1 月 27 日，http://politics.people.com.cn/n1/2019/0127/c1001-30591858.html.

《谱写农业农村改革发展新的华彩乐章——习近平总书记关于"三农"工作重要论述综述》，《人民日报》2021 年 9 月 23 日。

建三江：科技翅膀领飞农业现代化

中国现代化离不开农业现代化，农业现代化关键在科技、在人才。要把发展农业科技放在更加突出的位置，大力推进农业机械化、智能化，给农业现代化插上科技的翅膀。

2023年3月末的黑龙江省三江平原腹地，行走在北大荒农垦集团建三江分公司七星农场有限公司万亩大地号上，尘封了一冬的冰雪正在消融。田间地头，数十台用于农业生产监测和相关数据采集设备严阵以待，为1.5万亩黑土地打好丰收前站。

轻身越过大地号边缘步道，张景会沿着熟悉的足迹继续前行，突然，他指了指脚下，"总书记就是在这儿接见了俺们几个收割机手。"

2018年9月25日，首个"中国农民丰收节"刚过，习近平总书记来到七星农场调研粮食生产和收获情况。

那一天，习近平总书记凭栏俯瞰金灿灿的万亩大地号，向农场负责人仔细了解水稻品种、亩产量、病虫害防治、仓储能力、机械化率等情况。随后，他走进没膝高的稻田，拿起一把稻穗，看谷粒、观成色。

在这里，习近平总书记再次强调：中国人的饭碗，任何时候都要牢牢端在自己的手上。

时值稻田收割作业季，万亩大地号上，10台大型收割机车雁阵前行，机头过后，只见一片片稻田，瞬间在车尾变成稻粒，被卸粮滚筒送入运粮车，转送到仓库，等待加工后，端上亿万百姓餐桌。

看到气势恢宏、精准高效的收获场面，习近平总书记非常高兴，又详细问起农业生产全程机械化有关情况。收割机手们也纷纷围拢到习近平总书记身边。习近平总书记和他们拉起家常，从粮价、销路，到家庭收入、子女就业等等，习近平总书记反复叮嘱，要他们注意作业安全。

那天，习近平总书记还考察了七星农场北大荒精准农业农机中心。在中心一楼大厅的农产品展台，习近平总书记双手捧起一碗大米，意味深长地说："中国粮食，中国饭碗。"

该中心的物联网综合服务信息平台，运用卫星定位、云计算等技术，对万亩田畴实现精准管理。

那一天，习近平总书记还来到北大荒建三江国家农业科技园区，看望实验室的科研人员。习近平总书记说，农业是基础性产业，中国现代化就离不开农业现代化。我们这么大的国家，农业是不可或缺的。农业要振兴，就要插上科技的翅膀，就要靠优秀的人才、先进的设备、与产业发展相适应的园区。

殷殷嘱托，言犹在耳，托寄心间。2018年的那个秋天，坚定了北大荒继续当好国家粮食安全压舱石的信心，树立了北大荒端牢中国饭碗的恒心，也加快了北大荒科技赋能现代化大农业的时代脚步。

不断实现农业生产全程机械化、聚焦智慧农业、建设无人农场、发展绿色农业、壮大品牌农业、注重黑土地保护、打造"拴心留人"的农科人才高地……

如今，作为中国农业先进生产力的代表，拥有15个大中型农场有限公司的北大荒农垦集团建三江分公司，形成了全国粮食综合生产能力强、农业现代化程度高的大型农场群，在原有优势基础上，通过现代科学技术加持，先行示范，推进农业现代化、高质量发展。

种好田，还得"慧"种田

讲起置于田间地头那些高矮不等、形状不一的设备，七星农场北大荒智慧农业农机中心主任孟庆山如数家珍：它们能实时采集作物长势、病虫草害、土壤墒情养分等数据，回传至智慧农业管理平台，进行深度分析后，结合农学理论、农艺要求等，生成作业指令发送给智能农机，实现无人化作业。

习近平总书记强调，要"给农业现代化插上科技翅膀"。5年来，七星农场有限公司积极打造万亩大地号无人农场智慧农业示范区，将北斗卫星、5G网络、物联网、大数据、环境感知等现代技术，绑定到传统农机技术上，在水稻的耕、种、管、收等全生产环节，进行无人智能农机作业试验示范。无人农机作业，大大提高了农业生产效率，节省了人工成本，提高了土地利用率，增加了粮食产能。

黑土地里"慧"种田，打牢了粮食丰产丰收的智慧基础。目前，北大荒农垦集团建三江分公司各农场有限公司在"无人农场"的基础上，纷纷打造智慧农业先行试验示范区，持续探索面向农业全程数字化、精准化、智能化及无人化。

作为七星农场有限公司的兄弟单位，红卫农场有限公司有着水稻专业场之称。2019年，这个农场有限公司与东北农业大学合作，搭建了智慧农业大数据应用平台，创造性地提出了卫星天上看、无人机空中探、地面遥感测、技术员人工查的"空天地人"一体化种植管理体系，实现了农业可视化远程诊断、云端远程控制、气象预报、灾害预警等管理手段，翻开了农业数字化新篇章。

"以一块 450 亩的水田为例，以前我们需要 10 个人干上一整天才能完成的工作，现在 1 台无人机和植保机，只要 3 个小时就可以轻松搞定。"在红卫农场智慧农业示范区工作平台，副总经理曹爽模拟了"空天地人"运用场景：水稻生长季节，无人巡田机就开始对种植地块大范围"侦探"，不断地传输回核心数据；后台系统快速分析和归类后，马上对水稻病虫害发出预警；负责水稻后续生长的无人植保机根据平台指令，立即集结出发为水稻进行喷药作业。

不仅如此，红卫农场通过搭建数字农服平台，打通了助农服务的"最后一公里"。现在，种植户只要站在电子屏幕前，轻点鼠标，智能农机就能按预设路径自主插秧和收获；在智慧农业平台上留言、与专家对话，登录智慧农业手机 App，地块信息、农机信息、监测信息、种肥订购、天气信息、种植规程等与农业生产相关的资讯一览无余。

从种到收"无人"也行

"总书记那么忙，可心里总是装着北大荒，牵挂着种植户。"提起在万亩大地号与习近平总书记"同框"的话茬儿，看上去并不善言辞的张景会马上就会打开话匣子。

习近平总书记到七星农场有限公司视察的前一天，当地刚下过一场雨，地里又湿又滑，当看到总书记来了，张景会和其他几个收割机手深一脚浅一脚地跑过去，总书记见状生怕他们摔着，远远地嘱咐他们慢些跑，别着急……

年近六旬的张景会既是当地优秀的收割机手，也是一名种粮大户，有稻田 350 余亩，用他的话讲，要不是因为党的惠农政策好，不是因为从种到收清一色机械化，放在以前，无论如何无法经管好这么多土地。

时值张景会壮年，农场的拖拉机、收割机数量少不说，马力也不行，遇到变天，机车和机械借不上力，就得人手一把镰刀去地里抢收，猫着腰干上半拉月也不一定能干完。

现在呢？全场有 5 万多套各类农机具，马力大、功能全、性能可靠，还引进了无人搅浆机、无人插秧机、无人植保机、无人收割机等自动化、智能化的机车和机械，育秧、整地、插秧、灌溉、植保、收获、种子加工、生产准备等实现了全过程机械化。

"这就为我们种植户抢了农时，争了主动，上了标准，提了质量，增了产量，也省了成本。"张景会说起过往，对比当下。

北大荒农垦集团建三江分公司辖区内，三江环绕，七河贯通，降水丰沛，具有种植优质绿色水稻的自然条件；加之 15 个农场有限公司 85% 以上的耕地条田区划合理，连片成形，适合机械化作业。因此，在建三江垦区水稻种植面积达到 1000 万亩以上，被誉为"中国绿色米都"。

如今，北大荒农垦集团建三江分公司已经形成国内最大的农业机械群，全程机械化程度居全国之首，农业综合机械化率达99.8% 以上，农机装备水平达到世界发达国家水平。

有了现代化机械力量助力，"中国绿色米都"一季水稻生产仅用 6 个 "10 天"，即可高标准完成千万亩水稻生产作业。

科技支撑，为黑土地"鼓劲""加油"

2018 年的那个秋天，面朝万亩大地号，习近平总书记指出，人无远虑，必有近忧，北大荒的土质要不断优化，不能退化。

为保护好黑土地这一"耕地中的大熊猫"，守好"大粮仓"，多年来，建三江分公司积极落实"藏粮于地、藏粮于技"战略，坚持用养结合、综合施策，深入实施黑土地保护工程，坚持保护优先，推动工程与农机农技、用地与养地相结合，逐步改善黑土地的内在质量、设施条件和生态环境，坚持用养结合、综合施策，确保黑土地不减少、不退化，实现黑土地永续利用。

多年来，建三江分公司胜利农场有限公司对多年连作的地块，动员种植户实施倒茬轮作、休耕等农艺措施，让黑土地休养生息，为农田添"后劲"，实施以扩大秸秆还田、机械翻埋、旋耕和原茬打浆还田等措施为主的黑土地保护模式，持续推进黑土地保护与利用，进一步提高耕地质量和产出能力。目前，这里的秸秆还田综合利用率达 100%，让黑土地重新焕发了生机。

胜利农场有限公司副总经理刘庆国说："我们通过全面积实现测土配方施肥，大面积推广引进侧深施肥插秧机、智能探测器，感知土壤需肥量，实现施肥精准把控、节肥保土齐抓共管。"

为给黑土地"加油"，让农作物也"吃"上均衡合理的"营养餐"，北大荒农垦集团建三江分公司以保障国家粮食安全、农产品质量安全和农业生态安全为目标，控制化肥用量，提高肥料利用率，持续推进测土配方施肥。

红卫农场有限公司土肥中心根据地号图，制订了详细的土样采集方案，按照"室内定位，野外对位"的方法，组织专业技术人员，深入所属9个管理区开展采样、地块基本情况及农户施肥情况调查工作。

"耕地是粮食生产的命根子，黑土地保护，归根结底，需要以科技为支撑。"建三江分公司农业发展部副总经理秦泗君惊叹科技的伟力。近几年，该分公司深入实施"黑土粮仓"科技会战，依托东北农业大学、黑龙江八一农垦大学等院校及省内外科研院所资源优势，联合开展黑土地质量监测、黑土地保护基础研究、技术攻关和成果展示，不断增加土壤耕层厚度和有机质含量。

绿色，"智慧农业"必备底色

2018年的那个秋天，面朝万亩大地号，习近平总书记指出，绿色发展要有可持续性，农业生产不能竭泽而渔。

多年来，北大荒农垦集团建三江分公司坚持质量兴农、绿色兴农的发展理念，加快转变农业生产方式，大力推进农业"三减"落实，持续发展绿色有机农业，着力改善农业生态环境，进而提高农产品品质和市场竞争力。

在建三江分公司八五九农场有限公司，这里因地制宜建立起多种"稻渔共作"的生态种养殖产业链条，大力发展"稻蟹""稻鸭""泥鳅稻"等生态立体种养，最大程度减少化肥、农药投入，提高稻米品质和经济效益，实现"一水两用、渔粮共赢"的绿色生态发展格局。

在发展"水稻＋"综合生态种养的同时，这个农场有限公司积极延伸产业链条，通过外引与内部培育等方式，加快建设螃蟹种苗繁育基地、泥鳅苗自主繁育基地，减少长途运输成本，提高了螃蟹成活率，促进了三产融合，以产业振兴带动农业高质量发展。

八五九农场有限公司位于乌苏里江畔，江水灌溉成为这里发展水稻得天独厚的自然优势，江水灌溉面积 31 万余亩。江水水温高，更适合水稻生长发育，生育期可提前 5 天左右，江水中有机质含量高，水质无污染，可充分提高稻米品质、口感和食味值，有效提高稻米市场竞争力。

为此，近年来，这里加快了绿色有机食品基地建设脚步，实现全面积绿色稻谷的质量安全可追溯，全国绿色食品原料（水稻）标准化生产基地面积达 80 万亩，连续 14 年保持国际质量环境双体系持证有效。

"我们与中兴集团合作，在国内首个把区块链技术应用到大米及农产品质量的溯源查询中。"八五九农场有限公司党委书记尹显洪，具有丰富的基层经验，是一位富有开拓魄力的老农垦。

何时插秧、施多少肥、长势如何、何时"开镰"？在红卫农场有限公司智慧农业先行试验示范区里，都可以通过大数据平台查询。

"绿色，是智慧农业的底色，也是发展方向，我们的'智慧稻米'就非常受欢迎。"红卫农场有限公司总经理卢百谦打了个形象的比喻，这里的"智慧稻米"是发了"身份证"的，从种植之初就比普通稻米多了一道品种选择程序，以口感好、食味值高为首选，满足了消费者营养、健康的需求。

"在种植过程中，全部采用江水灌溉，严格按照水稻的生产规程操作，做到了稻米无农药残留、无农药污染。"

广阔天地，让人才学有所用

2018 年的秋天，在北大荒建三江国家农业科技园区，习近平总书记指出，农业要振兴，就要靠优秀的人才。

同年 9 月 28 日，习近平总书记在主持召开深入推进东北振兴座谈会时再次强调，要多方面采取措施，创造拴心留人的条件，让各类人才安心、安身、安业。

多士成大业，群贤济弘绩。多年来，北大荒农垦集团建三江分公司聚八方英才而用之，聚焦提升粮食产能、推动产业发展等具体工作，采取分类认定、动态管理等方式，大力挖掘有本领、懂经营、对北大荒有感情、在基层一线或吃劲岗位的人才，重点进行培养，将其培养成种养殖能手、新型农业经营主体带头人、电商物流经理人等，逐渐形成一支强有力的基层人才队伍，触发"培养一批能人，带动一方发展"的"蝴蝶效应"，在分公司上下形成人人渴望成才、人人努力成才、人人尽展其才的局面，进而打造集聚优秀人才的农业科研创新高地，为农业强国建设历练人才队伍。

在北大荒建三江国家农业科技园区土壤实验室，北大荒第三代子弟——肥料测试项目负责人韩帮东，正对黑土样本进行有机质含量测试。

"我做梦也没想到能在自己工作的地方见到习近平总书记。总书记说，农业科技大有潜力、大有可为，他希望我们再接再厉、不断提高。"韩帮东牢记习近平总书记的嘱托。

作为一名"90后"，韩帮东说，自己的爷爷和父亲一辈子都奉献给了北大荒。爷爷经常训导我："啥是能人？能人就是大田地的一把好手，能从春到秋把庄稼伺候好的人。"

耳濡目染，高考志愿，韩帮东填报了农学专业。外出求学、毕业后，他毅然决然地回到了家乡七星农场，目前在北大荒建三江国家农业科技园工作 6 年，参与了 10 余项科研试验和推广，他要当一个现代化的北大荒"能人"，把父辈的精神传承下来。

"园区不仅是农业科技研发推广地，也是科技人才成长成才的蓄水池。"七星农场有限公司总经理袁昌盛介绍，一直以来，农场重视科研人才储备和队伍建设，依托北大荒建三江国家农业科技园，遴选优秀的科技人才，为青年科研人员做好岗位规划，实现人尽其才。

"为了能让人才来得了、留得下、不愿走，这些年农场没少花心思，住的有公寓，工资福利待遇逐年提高。最关键的是，这些专业对口的人才来了之后，不会坐冷板凳，拥有广阔天空，只要是真才实学，就有用武之地。"北大荒建三江国家农业科技园副主任金立军的经历，说明无论本科生、研究生，还是博士，只要是人才，到北大荒来就对了。

张景会没有上过大学，但他在北大荒这个广阔无垠的实践大学，也成为远近闻名的人才。在万亩大地号里，他接到一个电话，来电者也是一位水稻种植户，向张景会询问关于侧深施肥的问题。作为全国水稻科技示范户，他说为大家答疑解惑是大家对他的信任，也是一份沉甸甸的责任。

"我相信，只要我们一代接着一代干，不断让农业现代化插上科技翅膀，就一定能让中国饭碗装上更多来自北大荒、来自建三江的优质粮、健康粮、绿色粮。"

北大荒农垦集团建三江分公司简介

建三江分公司位于美丽富饶的三江平原东部，地处黑龙江、乌苏里江、松花江冲积而成的河间地带，辖区总面积12400平方公里。区域内三江汇流、七河贯通、物产丰富，是生产绿色有机食品的摇篮。年均粮食产量约占全省的1/11、全国的1/100，粳稻年产量占全省的1/5、全国的1/20，被誉为"中国绿色米都"。

建三江分公司肩负现代化大农业建设排头兵和维护国家粮食

安全压舱石的重要使命，着力发展生态农业、品牌农业、智慧农业和效益农业；建起 16 个农业科技园区。在全国率先大面积应用水稻侧深施肥、超早育苗、覆膜机插、变量施肥施药、无人作业等先进技术，率先在全国建设 6 个无人农场。通过藏粮于地、藏粮于技，目前建三江分公司已经具备 650 万吨的年粮食生产能力。

相关链接

《给农业现代化插上科技的翅膀，当好稳住大国粮仓"压舱石"》，《人民日报》2022 年 6 月 1 日。

《习近平感慨北大荒的沧桑巨变"了不起"》，新华网 2018 年 9 月 26 日，http://www.xinhuanet.com/politics/2018-09/26/c_1123481681.htm.

《习近平在东北三省考察并主持召开深入推进东北振兴座谈会时强调　解放思想锐意进取深化改革破解矛盾　以新气象新担当新作为推进东北振兴》，《人民日报》2018 年 9 月 29 日。

华溪村：好日子激励人人向前跑

到 2020 年稳定实现农村贫困人口不愁吃、不愁穿，义务教育、基本医疗、住房安全有保障，是贫困人口脱贫的基本要求和核心指标，直接关系攻坚战质量。总的看，"两不愁"基本解决了，"三保障"还存在不少薄弱环节。各地区各部门要高度重视，统一思想，抓好落实。要摸清底数，聚焦突出问题，明确时间表、路线图，加大工作力度，拿出过硬举措和办法，确保如期完成任务。

太阳那个出来喜洋洋，生活一天一个样，人人心里有方向……只要我们多勤快嘿哟，不愁吃来不愁穿。

在重庆武陵山深处，经常听到的土家啰儿调，将华溪村如今甜蜜的生活与未来期许，尽情地唱响了。

华溪村，位于重庆市石柱土家族自治县中益乡，曾是武陵山片区典型的贫困村。过去，山高林密、土地贫瘠，村里近60%的土地撂荒，村民一年到头都是靠天吃饭。

2019年4月15日，习近平总书记来到华溪村，实地了解"两不愁三保障"落实情况，鼓励大家努力向前奔跑，争取早日脱贫致富奔小康。

如今，昔日的小山村早已换了新颜，路更宽阔了，院落更亮丽了，产业更兴旺了。奔跑在乡村振兴道路上的华溪村，无论是党员干部，还是普通村民，人人心里都有方向。

"我要努力向前跑"

说起习近平总书记2019年走访华溪村的场景，华溪村党支部书记、村委会主任王祥生记忆犹新。

"那天，习近平总书记来村里考察，在去往老党员马培清家的路上，我顺手从田坎边挖了一株黄精。"王祥生向习近平总书记介绍，黄精是药食同源的草本中药材，非常适合在华溪村种植。

习近平总书记拿着这株黄精，详细了解起华溪村种植黄精带动村民脱贫的情况，并关心地询问："产业选准了没有？"

"选准了！"王祥生坚定地回答。

如今，群山环抱村落，河流奔腾向前。当年的那一句"选准了"，听来更有底气。

初夏的华溪村，天气不像重庆那么热辣。上午的阳光依旧和煦，柔柔地洒在初心小院里。

年近 90 岁的马培清老人，正坐在院坝里晒太阳，乐呵呵地招呼着往来的游客。有热情的游客想找老人合影，她慈祥地笑着，点头，起身。拍照前，老人总要先整理好衣服，细心擦拭胸前的党徽。

2019 年，习近平总书记到华溪村时，就坐在马培清老人家的院坝里，和村民们一起话家常、谈愿景。

如今，熙熙攘攘的游客将小院填得满满当当。老人家的院坝，不但成了游客"打卡"地，柴棚改成了主题邮局，房子的阁楼上还开办了"初心书屋"。儿媳在家里卖起土家族特色"幸福米米茶"，这是一种用猪油炒煮，混上甜滋滋的醪糟、蜂蜜、红糖做成的土家美食。一碗热腾腾的茶汤下肚，一直甜到心里。

环绕着院坝，一株株黄精在木瓜树下拔节生长，长势喜人。

2023 年底，华溪村第一批种植的黄精就要收获。最近，老人常常拄着拐杖到田间地头转转，看看黄精的长势："真是选得准！你看这叶子，底下肯定长得好啊。"

"你家的黄精为啥能长得这么好？"每当村里有人问起时，马培清老人说是自己的小儿子在管护上用心。

小儿子陈朋，在3次递交入党申请书成为正式党员后，又成了村里的管水员。前一天晚上，村里下了大雨，一大早他就急着去检查水井。这不，刚检查完水井回来，还没歇一会儿，就心心念念地里的黄精，打算趁着好天气给黄精锄草。

谁能想到这个皮肤黝黑、在田地里细心耕作的男人，几年前还是村干部口中"扶不上墙的烂泥巴"，是村民口中宁愿抱着酒瓶子也不肯挑担挥锄的"酒鬼"。

"以前喝酒差点把家都搞丢了，身体也搞垮了，村里分的'脱贫猪'转头我就卖了换酒，全家都跟着我操心。"提起从前的自己，陈朋有些不好意思地笑了。他忙对记者摆摆手，说自己现在早就不喝了，不喝了。

2018年，华溪村开始实施农村土地流转政策，陈朋将自家的闲置土地流转给村集体，由村集体引资搞黄精种植。他再从村集体反包6亩地，按时令为黄精锄草、施肥。村里则根据不同的管护阶段给予不同的管护费。

在村干部的帮扶下，陈朋渐渐尝到产业甜头，渐渐发生了改变。

在管护黄精的同时，他还主动参加技能培训班学习木工手艺，在附近工地找活干，家庭收入渐渐提高，"加上出门做工、卖米米茶等，大概有10万元收入"。

2019年，习近平总书记走进马培清老人院坝，看到谷仓里装满稻谷，厨房梁上挂满腊肉；听说他们家以土地入股种植中药材黄精，参与管护药材基地等，有了稳定收入，脱贫之后又迈进致富之门，总书记十分欣慰。

今天，中益乡的黄精种植面积已从最初200多亩发展到1200多亩，上下游产业链初步形成，出口澳大利亚、新加坡等国。黄精变黄金，不仅让村民脱了贫，还成了振兴乡村的重要支柱产业。

"既然党的政策好，就要努力向前跑。"陈朋暗下决心，一定把产业管好，把黄精管护好。"一个党员就要好好地干，把我该做的事情做好。还要带动乡亲们一起干，把黄精产业管护好，做大做强。"

田地里，陈朋弯着腰，对着地里一棵棵黄精看得仔细。不远处，马培清望着小儿子的背影，笑意爬上眼角。

"日子越过越有滋味"

沿着马婆婆家院坝前的村道，向山坡蜿蜒而上，走过石阶，几间蜜黄色的土家民居隐在茂密的树木后，那是谭登周老人家。

午后，谭登周刚送走一批前来"打卡"的游客，坐在门口长凳上休息。明媚的阳光下，他身后的红色对联格外醒目。

"九死一生靠政策，三病两苦有医保"，横批是"共产党好"。这是小学都没读完的谭登周5年多前受伤住院在病床上一个字一个字想出来的。那年，谭登周外出务工时受了重伤，家里因病返贫。

"要不是党的好政策托底，我坟上的草早就一人高啦！"谭登周轻轻抚平对联上的褶皱，低声道，"现在真是好啊。"

2019 年，习近平总书记踏着湿滑的石阶，来到谭登周家。当时，谭登周的老伴焦婆婆正在锅里焖洋芋饭、团子粑粑和酸鲊肉。

在谭登周家院坝，习近平总书记从屋外走进屋内，边看边问，从身体健康到日常吃食，从被褥厚薄到一年的收入，从看病吃药到老年生活保障等，件件问得仔仔细细、明明白白。

多年来，每逢春节前，谭登周都会买来乡里最好的红纸，托人重写这副对联，再郑重地贴回原来的位置。对联是"老对联"，背后的故事每年都有新变化。

这几年，谭登周家屋后的陡坡装上了护栏，村里设立的"两不愁三保障"基金，他家是受益者之一。家里的收入年年上涨。2022 年，谭登周还当起了村护林员，主动认养了 5 箱中蜂。家里的柴棚也被村里改造成农特产品销售店，谭家用柴棚入了股。酸鲊肉、黄精桃片、黄精面条……小店里摆满了华溪村生产的土特山货和各种产品。

前不久，谭登周因身体不适住院，住了大半个月，医保报销了 90%，老人反复地说"真是省不少"。

彼时，恰逢华溪村雨季，雨润大地，催着山间植物肆意生长。担心草木长得过茂，老人回来不方便行走，王祥生时常自己扛着镰刀锄草、修整树木。

雨过天晴，谭登周家前的路干净整洁，树木错落有致，阳光透过枝丫洒进院坝。谭登周笑着说："我现在不愁吃穿、看病也方便，我自己也想出力，这日子越过越有滋味了。"

路宽，人旺，产业兴

走出谭登周家院坝，王祥生回忆起当年习近平总书记当面叮嘱他，能够做到让山里村民出行方便，是一件很难得的事。

经过这几年努力，今天，行走在华溪村，条条青石板路从村民家的院坝出发，如人体的毛细血管，与村里的主干道紧紧相连，这条用沥青铺成的全村主脉，被命名为初心路。

初心路蜿蜒山间，从小溪两侧一直向山林深处延伸，把星散居住的华溪村民联结为一个团结和谐的大家庭，把游客带向家家户户，把村里的产业串联起来，更把山里山外的人和物联通了起来。外界进入华溪村的公路，也拓宽了，比过去更宽阔、更顺畅。

"过去，我家靠卖肉挣钱。卖肉是个苦活儿，凌晨两点半就要出门去县屠宰场，早上6点从县城拉肉回来，8点前切割好，再交给家属去卖。现在路宽了、平了，一年四季游客不断。所以我不卖肉了，改行做旅游、开民宿。"王祥生扒掉老房子，在原址上盖起新房办民宿，二三层接待游客，一层开了个不小的超市，收入比卖肉多多了。

"总书记来过之后，大家精气神可高了，村里的人气也旺了。"华溪村偏岩坝"有一家"农家乐里，老板花仁叔刚从山上挖笋子回来。这些个头不小笔直饱满的笋，整整齐齐码放在院子里，花仁叔准备把它们晒成笋干，加入今年夏天的农家乐新菜单。

如今，路通了，也更宽了，一脚油门就能从重庆市区直接开到"有一家"门口，门口还设置了不少停车位。

"'五一'开张了两天，毛收入就达一万多块钱。腊肉、黄精炖鸡、洋芋饭、红苕……这些东西，食客吃得特别香。"过去，村里大多数村民一年的当家食物，如今已成为华溪村不可或缺的特色美食。不少食客驱车前来，就是为了尝到最新鲜、最地道的土家味道。

盛夏将近，华溪村的人气逐渐旺起来。村里有几家民宿已经订满，重庆来避暑的游客一拨接着一拨。花仁叔期待着今年的生意会更好。

"2020年刚开业时，啥子都不懂，村里专门给我们做了培训，指导我们。刚开那年就赚了10万块。现在上手了，就是享受、喜欢！女儿、女婿也都回来帮我，越做越有味儿嘛。"

道路、环境提档升级后，办民宿、开农家乐的，不仅仅是华溪村。在县乡政策支持下，经过专门培训，中益乡50多户农民利用自家空余房屋，开起了农家乐和民宿。

现在的中益乡，山清水秀，四时之景各有其妙，来中益乡"乡村游"的游客络绎不绝。搞特色种植、养蜂、卖土特产、办农家乐，乡亲们发挥所长，各有满意的产业，忙得不亦乐乎，"旅游饭碗"越端越稳。

"你能明显感觉，大家整体的精神面貌焕然一新，发展劲头空前高涨。从党员干部到群众，都在想方设法搞发展。我们中益乡的乡亲去其他乡镇赶场（集）时，可是很有排面的。"中益乡党委委员、副乡长郎滔说。

自从开起农家乐，周围的朋友都说花仁叔变得更年轻、更爱笑了，花仁叔自己也感觉到了变化："生活真的好，收入也好，在屋里就能挣钱，啥都有。以前地里的活儿都干不完，啥子都不想。现在吃完饭还出去走走路，今年春节我还出去旅游呢。都说现在这日子跟蜂蜜一样甜，我觉得比蜂蜜还甜嘛。"

"有一家"小院对面，研学基地依河而建。见证了脱贫攻坚无数故事的河流，在乡村振兴的道路上成为天然的研学课堂。

绿水青山间，沿着华溪村的脉络，研学团队一个接着一个来到这里，从四季变化到民俗文化，从脱贫攻坚的丰硕成果到乡村振兴的新篇章，小山村成了研学大课堂。

"春赏花来夏看果，秋尝蜜来冬研学"，初心广场、初心学院、初心书屋、蜜乐园、蜜蜂科普馆……串联起华溪村的一个个变化、产业，华溪村农文旅融合，已成为中益乡一道亮丽风景。

夕阳带着余晖恋恋不舍退场，花仁叔的小院，灯亮了。蜜黄色的墙上，村里请来大学生为院坝墙壁绘制壁画，机灵可爱的蜜蜂卡通造型，在灯光下更显暖意。

中蜂养殖成为华溪村村民增收的重要手段。每逢9月，华溪村漫山遍野的五倍子花盛开，这不仅是让人大饱眼福的秀美风景，更是中蜂采花酿蜜的良好选择。

村民们会在五倍子花期过后收割一次，此时收割的五倍子蜂蜜供不应求。

近年来，华溪村以蜂蜜色为主基调，对村容村貌和基础设施进行整体提升，将蜂蜜的清甜融入生活的每一处。行走在华溪村，与"蜂蜜"有关的元素随处可见。路旁蜜蜂造型的路灯，照亮脚下的路。

种下新的希望

华溪人民啰喂，喜洋洋哦唧啰，经济收入唧唧扯哐扯，年年增哦唧啰……

伴随着土家啰儿调，村里又分红了。

每年 4 月 15 日，是华溪村村民的节日。2019 年 4 月 15 日，习近平总书记来到华溪村看望村民，每年这一天，已被村民定为村庆日，也是村集体经济分红的盛会。

2023 年 4 月 15 日，华溪村召开了第五届分红大会。今年的分红大会，华溪村村集体共为 1246 人分红 149520 元。村民们聚在分红桌前，排队、登记、签字、摁手印、领分红……幸福的笑容洋溢在每个人的脸上。

一张张笑脸背后，是一个个奋斗故事。

2022 年，华溪村村集体经济总收入达 201 万元，脱贫人口人均收入 19415 元。从 2014 年脱贫人口人均收入 5340 元，到 2022 年的 19415 元，今天的华溪村，脱贫人口户户有了稳定增收渠道，没有一户返贫。

如今，华溪村特色种植、养殖产业也形成规模：黄精长势茂盛、莼菜叶肥色绿，加上吴茱萸、木瓜、荷花、中蜂，村民们的生活也在各色产业间越来越缤纷多彩。

村里设立的"两不愁三保障"基金积累总额约 37 万元，用于符合条件的各项奖励和帮扶超过 16 万元，惠及村民 500 余人次，"两不愁三保障"基金也让村民的生活更有底气了。

"19415，正好是习近平总书记到我们华溪村来的时间，太巧了！"王祥生回忆起统计结算时的情形。当最终结算按钮按下，数字出现的那一刻，现场欢声如雷。

"我们现在过得开开心心，各方面都过得很好，很满意。"马培清老人说，"我们是先吃黄连苦，再吃辣椒辣，今天是吃蜂蜜甜！日子过得红红火火！"

分红大会之后，新的目标在村民心中播种。

花仁叔家新买了小轿车，计划今年和家人一起开车自驾游。他想看更多的风景，也想看看其他民宿、农家乐都是怎么干的，自己能不能做得更好："现在政策那么好，更要越做越好嘛。"

作为党员、村民小组长，陈朋不仅打算在自家黄精上多下功夫，还想带动乡亲们一起管护好黄精；作为管水员，他希望村民们每天用水不愁；作为儿子，他希望能多抽一点时间，好好照顾母亲；作为初心小院的一分子，他想和母亲一起继续把小院守好，将村里的变化、村里的故事讲给每一个走进小院的客人听。

他也在心里默默期许着，"村子基本上每天都在变，真希望总书记能再来村里看看"。

"全面小康路上一个也不能少。"4 年前，习近平总书记的殷殷嘱托仍是王祥生今年的目标："在巩固脱贫攻坚成果的同时，我们还想带着乡亲们一起走出去。打造品牌、提升质量、扩大影响力，希望一年四季都有人走进华溪村。争取让大家的分红一年比一年多，共同富裕的路越走越宽。"

走进华溪村，"中国·华溪"几个大字首先映入眼帘，字里行间藏着村民们对未来生活的向往："若有一天，大家提起中国最美乡村，首先能想到华溪，那该多好啊！"

田间地头，"如今政策就是好，我要努力向前跑"，醒目的红色标语，满载华溪村的奋斗故事，也激荡着新的奋斗动力。

华溪村简介

重庆市石柱土家族自治县中益乡华溪村，山高、林密、坡陡、土地贫瘠。过去，这里人均耕地严重不足，到处都是巴掌田、鸡爪地。村民一年到头只能种红薯、玉米、洋芋，几乎是靠天吃饭。

2019年4月15日，习近平总书记到大山深处的华溪村，实地了解"两不愁三保障"落实情况，同村民代表、基层干部、扶贫干部、乡村医生等围坐在一起，共话脱贫攻坚。

转眼4年过去，曾经的小山村换了新模样。从重庆市区到华溪村，现在一脚油门便可直接抵达。群山拥沃野，道路直又宽。

2022年，华溪村集体经济总收入达201万元，较2019年增加23%；脱贫人口年人均收入达19415元，较2019年增加34%。2023年4月，华溪村召开第五届村集体分红大会，1246名村民共分红近15万元。

相关链接

《习近平在重庆考察并主持召开解决"两不愁三保障"突出问题座谈会时强调 统一思想一鼓作气顽强作战越战越勇 着力解决"两不愁三保障"突出问题》,《人民日报》2019年4月18日。

《这五年，扶贫产业更兴旺》,《人民日报》2020年10月19日。

田铺大塆：古村风采日日新

发展乡村旅游不要搞大拆大建，要因地制宜、因势利导，把传统村落改造好、保护好。

在河南新县东南部，大别山青龙岭山脚下，坐落着一个小村庄——田铺大塆，这是个依山傍水、有着400多年历史的传统村落。

方志记载，明初这里叫易田铺，以原住易、田两姓居民为主。明末时，南宋抗金名将韩世忠的后裔韩荣卿，带着妻小，骑着花牛，沿九江、麻城、光州来到这里。见山沟中有一块平地，牛便停下来不愿走了，于是，人也在此落户，开荒种田。

至今，村里人还会说，这是一头牛拉来的村庄，村口山坡上那头栩栩如生的牛塑鲜活地诉说着这一传说。

村内房屋大多建于民国初期，为典型的豫南民居。因有着数百年建村历史，又深受中原文化、楚文化和徽派文化的影响，田铺大塆的房屋兼具北方民居的硬朗和南方民居的灵秀。建筑和山水相互映衬，形成一幅和谐美丽的画卷。

地理位置上的闭塞，并未限制当地人勤劳、质朴的天性，在漫长的岁月里，村民日出而作、日落而息，生活谈不上富足，却自在安然。

改革开放的春风，让村民们的生活发生了变化，村里人陆陆续续外出务工，一些人把外面的新鲜事物和生活理念带回来。

2014年，"乡村创客"的发展理念启发了这里的人们。村里与一家旅游管理公司合作，建起河南省首个"乡村创客小镇"，用"党支部＋合作社＋公司＋农户"的模式，让这个深藏山坳的小村子变得热闹起来。

2019 年 9 月 16 日,习近平总书记来到田铺大塆考察调研,叮嘱当地发展乡村旅游不要搞大拆大建,要把传统村落改造好、保护好。

山村一时间被外界所熟知,名气渐渐大了,全国各地的游客接踵而至,纷纷到此旅游观光、住宿游玩,土特产品也成了热销品,这样的景象过去村民们想都不敢想。

景美、人旺、钱包鼓,田铺大塆村民在新时代新征程上,正奋力书写乡村振兴的壮美篇章。

"老家寒舍"

1971 年出生的韩光莹,2007 年入党。1993 年起,先后在省内两家电解铝企业工作。2012 年,因所在企业停产,只身前往韩国务工。2016 年,得知老家田铺大塆正在进行美丽乡村建设,毅然回国将自家老宅进行翻新改造,开办了村里的第一家民宿——"老家寒舍"。2019 年,他发挥党员的模范带头作用,率先牵头成立民宿合作社,带动 20 户村民通过开办民宿走上致富路。

初见韩光莹,他正在"老家寒舍"门旁砌花坛,精选的石头整齐码放,抹上泥巴溜缝儿,一截颇具乡村风格的小花坛就砌好了。在农村,这样的活计不用请人,房前屋后修修补补,自己就能搞定。

2020 年 5 月,韩光莹在"老家寒舍"厨房的位置,开辟出一个门店,面积不算大,但往来的游客都能看到,妻子卖一些土特产和文创产品，同时还能兼顾民宿，起到一个前台的作用。

老韩是个有想法的人，"老家寒舍"小院不大，却移步换景，古韵怡然，都由他一手打造。漫步其中，看得出主人的心思和用意。在老韩看来，民宿也不能罗列太多想法，不要堆得太满。包括妻子的小店，老韩的想法是尽量做出差异化，每家每户都卖一样的东西，必然会影响生意，不利于长久发展。

小店开辟出来，可以说是得意之举，生意好得比民宿还要赚钱，来往游客多了，老韩和妻子忙得不亦乐乎，游客中不时传来"总书记来过这儿"的声音。

时光回溯到 2019 年 9 月 16 日，那是韩光莹永远都忘不了的日子。他的民宿迎来一位特殊的客人。那天下午，在"老家寒舍"民宿，习近平总书记仔细察看服务设施，同店主韩光莹一家围坐交谈。

习近平总书记能光临自己的"寒舍"，韩光莹非常自豪。提及这家民宿创设的渊源，还要从韩光莹漂洋过海那天说起。

2012 年起，韩光莹离家去韩国打工，因为舍不得路费，他一直没回乡。2014 年的一天，他得知田铺大湾入选第三批中国传统村落名录，毅然决定结束枯燥的异国打工生涯，投身美丽乡村建设。

见过"世面"的韩光莹在家乡找回了"根"，他依照现代民宿设计理念精心改造了老宅，建起田铺大湾第一家民宿。2017 年 4 月 26 日，"老家寒舍"迎来第一批客人。

眼看着韩光莹的民宿生意火爆，订不到房的游客只能回县城住宿，村民们意识到，这是个难得的商机，纷纷参与其中。

没过几年工夫，田铺大湾已经成为知名度、美誉度很高的乡村旅游目的地，周边乃至外省游客都慕名前来打卡，世代种田为生的田铺大湾人吃上了"旅游饭"。

2019 年 9 月至今，韩光莹一直用实际行动践行习近平总书记的嘱托。旅游旺季，"老家寒舍"一房难求，成为整个村子最有人气的地方。

民宿与小店的收入，早已远超韩光莹当年出国务工挣到的辛苦钱，也超出了当年返乡创业时的预期，日子越过越红火。

随着名气越来越大、游客越来越多，韩光莹发挥创业带头人作用，牵头成立民宿合作社，建了民宿接待中心，所有民宿规范经营，统一管理，携手共赢。

现在的田铺大湾，乡村旅游已经成为最主要的支柱产业，除了特色民宿，还形成了农家乐餐饮、休闲旅游、观光体验等多种业态。

如今，韩光莹忙时种菜待客，闲时听雨煮茶。他说，自己虽然 50 多岁了，却感觉越来越有干劲，日子越来越有盼头。

一大早，他提着菜篮子下地，黄瓜青翠、豆角颀长、荆芥风华正茂、茄子憨态可掬，随手采摘下来，半个小时后就做成简单美味的早餐，摆上客人的餐桌。

春临农家

刚刚从树上掐下来的嫩芽，经过简单烹制，端上餐桌，就成了外地食客舌尖上的美味。许秀青介绍，这种野菜在当地称为珍珠菜，只有本地才有，因为稀缺，成了田铺大塆的"招牌菜"。

许秀青做的都是家常菜，平常自己怎么做菜，就给客人怎么做，"家常的，才是特色的"，来到店里的人多数是回头客，有的客人住上两三天，顿顿都在她家吃，也不会腻。

每天五六点钟，许秀青和老伴儿会早早起来，准备农家乐一天所需的食材，自家院子里就有青菜，土鸡、鸡蛋也是自家的。

许秀青以前天晚上大桌客人的消费情况为例，给记者算起了账：客人点了12个菜，席间又加了两个，共14个菜，合计500元，外加酒水近200元，这桌客人消费达700元。除去成本，收入相当可观。

许秀青说，目前室内可容纳四大桌，天气好，室外的流水席也能摆上五六桌，忙的时候她和老伴儿还要把儿子儿媳叫来帮忙。

因为是自家房子没有房租成本，自家菜园产的菜也够用，许秀青说，农家乐即便在淡季也有着十足的"抗风险"能力。她平时还将自家做的豆腐乳、土蜂蜜、熏肉推荐给客人，很受欢迎。

许秀青是田铺大塆第一个开农家乐的村民，回想起2015年村干部劝自己开餐馆的情形，许秀青清楚地记得自己提出的质疑："你让我来开农家乐，那谁来吃呢？"

2014年以前，村里经济发展相对落后，居住环境不佳，"晴天一身灰、雨天一身泥"，土地不足以养家糊口，多数青壮劳力只得外出务工，维持生计。

2014年，田铺大塆美丽乡村建设被河南省财政厅确定为"一事一议"奖补项目，项目总投资2400多万元，分别对基础设施、公共服务、环境卫生进行综合整治。根据田铺大塆独特的人文地理条件，当地政府决定以周边红色文化资源、绿色生态资源开发为依托，着力打造创客小镇，努力把田铺大塆打造成美丽、宜居、创业的魅力乡村，促进农民增收。

田铺大塆坚持以"乡村创客"为主题，探索"党支部＋合作社＋运营公司＋农户"模式，打造河南省首家"创客小镇"，促进创客平台建设与文化旅游产业有机融合，打造不秋草、匠心工坊、学习书屋等20余家特色小店，充分发挥党支部的强大引擎作用，进一步带动村民增收致富。

2015年，田铺大塆三色农耕园艺合作社与上海蔓乡旅游投资管理公司签订合作协议，开始打造河南省首个创客小镇，并打出"为创新创业者搭建学习创作平台"的口号。

打造创客小镇的协议签订后，田铺大塆的村干部们敏锐地意识到，随着创客们到田铺大塆开办各种特色小店，游客们会慕名前来，到时田铺大塆的民宿和餐饮业一定会红火起来。

于是，他们找到当时家里比较困难的许秀青，希望她带头开餐馆，为村民脱贫致富做个示范。

就这样，田铺大塆第一家农家乐——"春临农家"开了起来。让许秀青没想到的是，农家乐的生意非常火爆。2018年，许秀青的农家乐收入达30多万元，不仅让她还清了债务，还存下一笔积蓄。2018年底，许秀青被田铺乡评为"创业示范典型"，这是她人生中获得的第一个奖状。

村民们看到开农家乐能挣钱，接着又相继开了好几家。2020

年 7 月 10 日，田铺大塆上了央视《新闻联播》，讲述了许秀青和她的"春临农家"故事。此后，"春临农家"成了网红打卡地。

许秀青说，田铺大塆如今的生态环境好，种菜施的是农家肥，村里高龄老人很常见，也是远近闻名的长寿村。

"半坡拾光"

"半坡拾光"果然在半山腰的坡上，韩光军是这家民宿的主人。

"以前路不通畅，村里的好东西出不去，外面的游客也进不来。现在不一样了，靠着乡村旅游，这里成了远近闻名的网红村，好日子越过越有奔头了。"韩光军说。

经营民宿之前，韩光军在村口经营着一家名为"壹玖捌贰"的小卖部。

望着门前来来往往的游客，韩光军内心十分清楚，装修老房子十分必要。2020 年，因为需要照看孙女，韩光军将小店转让给了亲戚。但他并没有闲着，而是将自家的老房子重新装修了一番，添置了客房所用的家具和用品，和大家一样干起了民宿。

跟很多农村一样，田铺大塆之前曾一度成为空心村。现在不一样了，到了节假日，村里的游客一拨接一拨，像韩光军家这样的民宿，一般都要预约才能住上。

韩光军说，以前，这样的穷山沟能成为旅游景区，谁会信呢。对于现在的好日子，他感慨，真的是做梦也想不到。

依托本地丰富的红色文化资源和绿色生态资源发展乡村旅游，

田铺大塆发生着巨大变化，不仅村里的民宿多了，村民的收入增加了，越来越多的年轻人回来了，还吸引了外地人到这里搞经营。这几年，田铺大塆的基础设施得到极大提升。

近几年，田铺大塆建设现代化的配套设施，硬化道路，构建5G网络，整修河道池塘，种植桂花、紫藤等树种。夜幕降临，村南一方荷塘，塘边几户人家，推窗见景。阳台和窗子、灯光倒映在水塘，波光粼粼。传统与现代在这里交织，这个豫南小村焕发出新的生机。

改造好传统村落，打通的不仅是发展旅游的路，还有农民的返乡创业路。韩光军坦言，村里的游客越来越多，大伙的日子越过越好了，希望总书记再来村里看一看。

时光回溯到2019年9月16日，那天下午，习近平总书记一行到达村子走进的第一个店铺，就是"壹玖捌贰"。

这家小店是改革开放后田铺大塆开的第一家私营商店，时间就是1982年。深棕色匾额上4个繁体汉字记录着时间节点，留下了恒久的时代记忆。

那天，店主韩光军完全没想到习近平总书记会到自家店里。当总书记走进店里时，韩光军和家人纷纷向他问好。

习近平总书记饶有兴趣地看着店里的乳豆腐、山野菜、山茶油、菊花茶、甜玉米等土特产品，与韩光军拉起了家常，仔细询问了他的家庭、生活、生产和店铺经营情况，韩光军一一作答，总书记祝福他们全家、全村今后的日子越来越好。

韩光军记得，与自己及其家人握手作别时，习近平总书记看到韩光军的儿子韩特穿的 T 恤衫上"一切皆有可能"几个字时，连说："这个好！"周围响起了热烈的掌声。

习近平总书记离开后，韩特写了一副对联——一九八二借改革喜开业，二零一九迎贵人再腾飞。2019 年，成为这家小店另一个值得铭记的年份。习近平总书记夸赞过的 T 恤衫，也成了小卖部对外展示的名片，挂在店铺显眼处。

炊烟袅袅升起，在习习春风里，大别山深处的田铺大塆被唤醒了。斑驳的土坯房、时尚的咖啡屋、夹杂着泥土和蜡梅花香的空气，透过云层，阳光洒在这个豫南传统村落，一幅春意盎然的田园风景画徐徐铺展。

午后时光里，四面八方的游客悠闲地行走在村中小道，追寻着乡愁。在"半坡拾光"民宿门口，他们踱步、停留，被精心设计的"古董"所吸引，磁带、复读机、老算盘把游客带回过去的时光。

美丽转身

2019 年 9 月 16 日，习近平总书记在田铺大塆考察，乡党委书记汇报了田铺大塆情况。

习近平总书记问：田铺大塆的塆字是土字旁啊？

乡党委书记解释了当地"塆"字与"湾"字的不同用法。

考察当天，"时光老舍"吸引了习近平总书记的目光，田铺大塆在改造传统村落、打造"创客小镇"过程中，不挖山、不填塘、不砍树、不大拆大建，最大程度保留了历史风貌。

走在田铺大塆村道上，低头是石板小巷，抬头是黄墙黛瓦，真正是重焕新颜。

能在换了"新颜"的村子中心，保留下这幢旧房子，就是给乡亲们心里留下了时光念想、历史记忆，留住了乡愁。

习近平总书记十分赞赏田铺大塆的做法，他叮嘱：发展乡村旅游不要搞大拆大建，要因地制宜、因势利导，把传统村落改造好、保护好。总书记的谆谆叮嘱，印在了田铺大塆的指路牌上，刻在了乡亲们的心里。

习近平总书记一行就要离开田铺大塆时，文化驿站里传出阵阵锣鼓声。习近平总书记顺着鼓乐声走进文化驿站大院，并迈步进入皮影戏演出后台。皮影演唱队负责人告诉习近平总书记，他们的演唱人员老中青少都有，这种乡土的东西要求演员一专多能。表演时，一般由3到5个艺人在白色幕布后面，一边操纵戏曲人物，一边用当地流行的曲调唱述故事，同时配以打击乐器和弦乐，手脚和嘴都不闲着，很受当地父老乡亲喜爱。

如今，由韩光朝等老一辈民间文艺骨干牵头成立的乡村文化合作社，在田铺大塆、黄土岭村、河铺村广泛宣传，发动积极性高且有一定文艺基础的村民参与合作社建设，引导乡村文艺爱好者、非物质文化遗产传承人、新乡贤、民宿和农家乐店主、景区讲解员加入合作社，已招募正式社员50余人。

合作社社长韩光朝坦言，合作社成立以来，除了收获不少荣誉，村里人的精神文化生活也更加丰富了。"希望我们的队伍越来越壮大，吸纳更多邻村喜欢文艺的村民。"

　　田铺大塆，从早些年一个身居山坳不为人知的小村庄，成为如今累计接待游客 278 万人次的明星村，目前全村旅游综合收入达 2 亿余元。2013 年，人均纯收入还不到 8000 元，如今达 1.9 万元。

　　村子富了，群众返乡创业就业热情高涨。2019 年 9 月以来，返乡创业人员增至 44 人，常住人口由 210 人增加到 252 人。民宿、农家乐分别增加到 20 家、11 家。

　　这里的旧宅、老墙被精心呵护，"看得见山、望得见水、记得住乡愁"，是田铺大塆的宣传语，也是最想呈现给游客的游览主题。

　　在田铺大塆，"60 后""70 后"村民可以参与锄地、播种、除草、施肥等农耕活动，感受农趣；"80 后"村民可以到童年体验馆重温中学记忆，体验小时候玩过的滚铁环、鞭陀螺；还有"90 后"喜欢的"女朋友的店""男朋友的家"等伴手礼店。

　　田铺乡田铺居委会老支书韩家旭说，不同年龄段的人都可以在这里找到属于自己的乡愁。习近平总书记肯定了田铺大塆的发展，只有持续深化乡村旅游扶贫富民，实现乡村振兴的新跨越，才能不负习近平总书记的嘱托。

　　沿着田铺大塆的小路漫步，英子饭店、"不秋草"竹编店、李雷碰上韩梅梅、悦容池、儿童乐园、爱莲说主题餐厅等店铺渐入眼帘，留在记忆深处的，还有墙壁上的黄牛、皮影戏，丰收粮囤以及村口的晒秋，耳畔响起的，还有风亭下的豫南地方戏。

　　黎明，山中雾气漫开，鸡鸣打破宁静，田铺大塆迎来崭新的一天。村前的晒场早已是一派热闹景象。晒场为圆形，平坦开阔，村民来到这里晒制食材，制作食物。萝卜、豆腐摆在一排竹藤上，颇为壮观。

如今的田铺大塆，景色优美，游客盈门，村民钱包鼓起来，致富路上忙起来，正书写着乡村振兴的新篇章。

田铺大塆简介

田铺大塆位于河南省信阳市新县田铺乡，村落面积 4.6 平方公里。田铺大塆以生态保护为底线，保留山水田园传统村庄风貌；以美丽乡村建设为抓手，营造生态宜居的良好环境；以"乡村创客"为主题，探索"党支部＋合作社＋运营公司＋农户"模式，打造河南省首家"创客小镇"，实现了美丽乡村到美丽经济的转变。2019 年 9 月 16 日，习近平总书记在田铺大塆考察调研。

田铺大塆如今累计接待游客 278 万人次，全村旅游综合收入达 2 亿余元。2019 年 9 月以来，返乡创业人员增至 44 人，常住人口由 210 人增加到 252 人；民宿和农家乐分别增加到 20 家、11 家。

相关链接

《习近平在河南考察时强调　坚定信心埋头苦干奋勇争先　谱写新时代中原更加出彩的绚丽篇章》，《人民日报》2019 年 9 月 19 日。

余村：用绿水青山搭起共富大舞台

坚定走可持续发展之路，在保护好生态前提下，积极发展多种经营，把生态效益更好地转化为经济效益、社会效益。全面建设社会主义现代化国家，既要有城市现代化，也要有农业农村现代化。要在推动乡村全面振兴上下更大功夫，推动乡村经济、乡村法治、乡村文化、乡村治理、乡村生态、乡村党建全面强起来，让乡亲们的生活芝麻开花节节高。

4月上旬的余村，金色的油菜花溢满田间，竹子青翠欲滴，春笋钻出土层，露出新鲜的嫩芽，春意正浓浓地弥漫开来。

余村是浙江省安吉县天荒坪镇辖区的一个山村，在这个三面环山的山洼洼里，每天都有新鲜事，持续书写着"绿水青山就是金山银山"实践新篇章。

2005年8月15日，时任浙江省委书记习近平同志在余村考察时，首次提出"绿水青山就是金山银山"理念，给那时正处于转型迷茫期的余村指明了方向。

10多年来，余村坚定不移践行"绿水青山就是金山银山"理念，从"卖石头"到"卖风景"，从"靠山吃山"到"养山富山"，成功实现了绿色转型，百姓生活富足，村庄生态宜居。

2020年3月30日，习近平总书记再次来到余村考察调研，沿着村里道路，看到青山叠翠、流水潺潺、道路整洁，家家户户住进美丽楼房。

习近平总书记说，时间如梭，当年的情形历历在目，这次来看完全不一样了，美丽乡村建设在余村变成了现实。余村现在取得的成绩证明，绿色发展的路子是正确的，路子选对了就要坚持走下去。

站在新的起点上，余村人坚持不断夯实生态根基，发挥生态优势，联动周边乡村发展。

2023年4月8日，安吉县委常委、天荒坪镇党委书记贺苗接受记者采访时表示，安吉画出 3 个发展圈层：设定小余村为乡村现代化样板建设区、余村（山川）浙江省级旅游度假区为大余村核心建设区、天山上（天荒坪镇、山川乡、上墅乡）为大余村延展区。当前，相关规划正在紧锣密鼓地推进，面向全球招募合伙人。

小余村迭代升级到大余村，实施大余村战略，引进人才，在发挥余村溢出效应的同时，丰富产业发展业态，实现更可持续发展。

进退维谷

2023 年 4 月 6 日晚 8 点多，清理完餐桌的潘春林总算有了点空闲时间，泡了杯安吉白茶后，和记者坐在餐桌旁聊了起来。

潘春林是余村春林山庄的老板，也是天荒坪镇农家乐协会党支部书记、会长。在潘春林的讲述中，30 多年前的余村仿佛就在眼前。

余村石灰岩储量丰富，改革开放后，在国家鼓励创办乡镇企业的背景下，村里陆续建起石灰窑、水泥厂和砖瓦厂。

20 世纪 80 年代末，初中毕业的潘春林和村里很多同龄人一样，进入石灰窑厂上班，刚开始做装卸工，后来开拖拉机，每月能挣三四百元。

虽然收入不低，但工作环境极差且非常危险，矿上经常发生安全生产事故。

干了一阵子后，同样在石灰窑干活的父亲叫潘春林去水泥厂开货车，至少安全一点，工作也相对轻松一些。

在水泥厂上班，不用整天提心吊胆，但污染严重。"不仅粉尘多，而且排放浓浓的黑烟，经常是灰头土脸。"回忆起那段经历，乐观的潘春林声音变得有些低沉。

还有流经家门口余村溪的污水，恶臭难闻，也不知从何时起，鱼虾都绝迹了。

对此，"85后"民宿业主葛军也印象深刻。他说，村里的小溪特别浑浊，根本见不到鱼虾。父亲葛元德当时也在村里的石灰窑当矿工，身上有两道伤疤。

日积月累，很多问题日渐显现：苍翠的青山不见了，取而代之的是灰蒙蒙的一片，村子常年笼罩在烟尘之中，连千百年的银杏树也不结果了。

"山是秃头光，水是酱油汤。"在2023年3月5日上午召开的十四届全国人大一次会议首场"代表通道"上，余村党支部书记汪玉成形象地描述余村当年的状况。

那时，余村所在的安吉县也是污染重地。1998年，国务院发出黄牌警告：安吉县被列为太湖水污染治理重点区域。

赖以生存的村庄，环境污染如此严重，村干部开始反省。从20世纪90年代末开始，余村陆续提出关矿、关厂的想法，但已经习惯靠山吃山，这一步太难了。因此，停停关关、关一开一、开一停二，持续了很长一段时间。

2003年，安吉县出台《关于生态县建设的实施意见》，将

"生态立县"确定为发展战略，探索以最小的资源环境代价谋求经济、社会最大限度的发展。

矿山频发安全事故，村庄污染不堪，再加上政策层面趋严，倒逼余村人开始谋变。

同样在 2003 年，余村郑重宣布：关闭全村所有矿山企业，调整发展模式，还余村绿水青山。

然而，矿山关停意味着收入剧减，阵痛随之而来，村集体经济与百姓收入大幅下滑。

关停厂矿后，村集体收入一下子从 300 多万元降到了 20 万元，连村干部工资都发不出来。当时，余村在厂矿工作的有二三百人，几乎每家每户都有人在厂矿工作，没有了上班的地方，也就意味着多数家庭没有了收入。

村内出现了两种截然不同的声音：有人说不能再牺牲生命、环境开矿，有人说与其没有收入饿死还不如继续开矿。村里组织开会时，村民们经常争论不休，怨声载道。

进退维谷。村干部们左右为难，不知如何选择。

"到底该走怎样的发展道路？发展到底又是为了什么？" 4 月 7 日，余村党支部副书记俞小平表示，这是当时村里迫切需要回答的问题，今天看起来非常简单，在当时却很难。

坚定不移

前路迷茫、举步维艰之时，"绿水青山就是金山银山"这一重要发展理念，启发了余村人。观念一变前路阔，同样是"靠山吃山"，但方法完全不一样。前者是挖山，涸泽而渔；后者是养山，从长计议，与自然和谐共生。

很快，萦绕在余村乡亲们心中的愁云消散了，余村人吃下了定心丸，明确了发展方向。

安吉地处长三角腹地，与上海、杭州、苏州均属"两小时经济圈"，可以保护好绿水青山，发展旅游经济，实现差异化发展。

"我们非常振奋，也因此坚定了'绿水青山就是金山银山'的发展路径。"俞小平说。从此，不仅关停矿山，余村还坚决关停了村内其他污染企业，开始复垦复绿，治理水库，改造村容村貌，支持发展农家乐，开启从"卖石头"到"卖风景"的大转身。

渐渐地，告别了粉尘漫天、污水横流的余村，重现山清水秀、竹海连绵场景，有了可卖的"风景"。

同样在 2003 年前后，潘春林所在的水泥厂效益一天不如一天，而关停了石灰窑的余村，竹林也开始慢慢变绿。

潘春林在外面看到有人开起农家乐，生意不错，便想着辞职在村里也开一家。当时，他手里只有 3 万元。起初的设想是，投入 20 多万元，应该差不多够了，可干起来后才发现，这点钱只够建房，仅装修就花了 30 多万元。就这样，东挪西借，投入 60 多万元的春林山庄在 2005 年开业了。

作为村里第一批开农家乐的村民，潘春林很快尝到了甜头。2005 年后，余村越来越重视生态建设，环境越来越好，到余村参观旅游的人渐渐多了。游客来了就有吃饭、住宿需求，春林山庄在 2007 年底基本实现回本。

因为生意好，房间经常不够用，着眼长远的潘春林又投入 60 多万元，将原来的三层楼和院子进行扩建。重新开张后，生意却并不如意，有时一周只有一天有客人，潘春林发愁了。

"从小有成就，一下子又成了名副其实的'负翁'。"回忆起当时的情景，潘春林语带调侃。

于是，潘春林想到要做宣传，扩大影响。他请人制作网页，在报纸刊发"豆腐块"广告等，做了各种尝试。特别是在上海一家都市报上做了广告后，立竿见影。这给了他不少启发，当时村里客源以上海的居多，于是他和别人合伙跑起客运，从上海城区直接将游客接到余村，山庄生意越来越红火。

潘春林开农家乐成功后，其他村民也开始加入这一队伍，但有些因为房间改造、服务不到位等，生意并不好。

春林山庄生意兴隆，房间不够用，而周边农家乐却吃不饱，同时考虑到再扩建成本高、风险大，于是，潘春林决定和他们联动发展，纳入春林山庄统一管理，一部分客人在春林山庄吃饭，但可以住在其他地方，收入共享。

不只是农家乐，村里还兴起了漂流、家庭农场等项目，越来越多的村民"靠山养山"，吃上了生态饭。

目标清晰，久久为功。10 多年来，余村坚定践行"绿水青山就是金山银山"理念，村容村貌和产业都发生了根本性变化，走出了一条生态美、产业兴、百姓富的可持续发展之路。

今天的余村，是国家 4A 级景区、全国美丽宜居示范村。

有数据显示：2022 年，余村村民人均收入达到 64863 元，村集体经济收入达到 1305 万元。

这些年，在全国各地交流，俞小平只要一说起余村，对方都会刮目相看。

知名度提高了，游客自然多了。村里开办了 50 多家农家乐和民宿，每间房的价格从几十元、几百元到上千元不等，可以满足不同群体的旅游消费需求。

居住环境好了，而且在村里还能实现就业、创业，成就一番事业，回村发展的年轻人也开始变多。

葛军就是其中的代表。小时候，他目睹了被污染的村庄，听到频繁发生的安全事故，便立志上大学，离开余村。

大学毕业后，葛军在杭州上班、做生意，每次回家，发现村里都有新变化。

2015 年，葛军回到村里发展，后来开了家文创店，主要经营具有当地特色的文创产品。

2020 年，受疫情影响，客流量少，葛军决定重建房子。建造过程中，他了解到民宿是未来的发展方向，于是修改了原来的房屋设计方案，按照民宿标准设计、建设。2022 年 7 月，总投入 500 多万元的"两山文创阁"正式营业。

"两山文创阁"以奇石、文创为特色，有七八间房，楼上还有个景观餐厅和书法工作室。

大部分时间，葛军都会坐在民宿一楼会客厅，迎接客人，喝茶聊天，讲述余村故事。葛军认为，民宿就是要让客人感觉像住在家里一样。

在和葛军断断续续几次聊天中能明显感觉到，他很享受目前惬意的生活状态；但同时，作为回乡创业的青年代表，他一直在思考如何创新。

大余村战略

从单纯地追求富，到既富又美，余村实现了涅槃重生。是沿着这条道继续走下去，还是拓宽渠道创新发展？成为摆在余村人面前的新问题。

俞小平说，这些年随着生态环境好了，老百姓形成了休假旅游业态，但存在同质化问题，且竞争激烈。再者，余村产业形态比较单一，承载力非常有限。

经过详细分析发现，作为"绿水青山就是金山银山"理念发源地，余村声名在外，吸引不少人前来参观考察，但绝大部分客流无法转化为实实在在的效益。

原因是旅游资源少，经营路径不够宽，产业发展不够多元。

周边银坑村有影视资源，马吉村有红色资源，横路村水资源丰富，山河村公共配套服务齐全，把几个村资源整合起来，旅游形态自然会更丰富。

2021 年 6 月，余村联合周边四村成立"五子联兴"公司，通过"余村共富联合体"党建联盟，整合五村资源，抱团发展美丽经济。

从余村出发，连接 5 个村的余村大道沿线，景点串珠成链。

发现问题、解决问题，恰在当时，新的机遇又来了。

2021 年 7 月，浙江高质量发展建设共同富裕示范区领导小组办公室，组织完成共同富裕示范区建设首批试点遴选工作，确定了六大领域、共计 28 个试点，安吉县入选建设共同富裕现代化基本单元领域试点。

试点过程中，安吉县努力把余村的未来乡村打造成共同富裕示范区的基本单元。

把握机遇，小余村走向大余村，实施大余村战略渐渐成为共识。

建设过程中，坚持"小余村宁静致远、大余村风起云涌"。

贺苗表示，小余村从风貌上还是要保持乡村特色，不能过度商业化，毕竟这是老百姓的生活空间。同时，余村是一个重要展示平台，做的项目应是高标准，真正能服务于乡村，实现可复制、可推广。

大余村战略要实现，离不开人才支撑。

2022 年初的一个晚上，天荒坪镇党委班子成员一起开会，大家集思广益，讨论热烈，会议从晚上 7 点一直开到第二天早上 4 点，最终决定，以余村的名义面向全球招募合伙人，让更多人才、项目落地大余村，通过全新的合作模式，赋能未来乡村可持续发展。

当年 7 月，招募计划正式启动，细分为研学教育、乡村旅游、文化创意、农林产业、数字经济、绿色金融、零碳科技、健康医疗 8 个类型。

目前，"余村全球合伙人"创新计划已吸引 30 个项目入驻，一批有志向、有梦想的年轻人选择在余村扎根。

尽管从事农家乐以来，潘春林一直在求变，如开办旅行社和文化发展公司，为来旅游、研学的客人提供一条龙服务，但他坦言，年轻人的到来，对他们这些原乡人触动很大，总感觉知识不够用，跟不上时代。

在贺苗看来，这也是余村面向全球招募合伙人的重要原因之一，期望通过这种方式，让"新乡人"和"原乡人"不断互动，促进产业业态更加丰富，基层治理更加有效，文化生活更加丰富，进而实现乡村全面振兴。

余村简介

余村，位于浙江省安吉县天荒坪镇政府驻地西侧，地处天目山北麓，因境内天目山余脉余岭及余村坞而得名。村域面积 4.86 平方公里，山林面积 6000 亩（其中毛竹林 5200 亩）、水田面积 580 亩，下辖 8 个村民小组、280 户 1060 余人。2022 年，全村共接待旅游人次约 80 万人次，实现村集体经济收入 1305 万元，村民人均收入 64863 万元。

余村的美丽乡村建设、生态文明建设走在全省乃至全国前列，是世界最佳旅游乡村、全国先进基层党组织、全国示范性老年友好型社区、全国文明村、全国美丽宜居示范村、全国民主法治示范村、全国乡村旅游重点村、全国乡村治理示范村、全国生态文化村、国家 4A 级景区等。

2005 年 8 月 15 日，时任浙江省委书记习近平同志在余村调研时首次提出"绿水青山就是金山银山"重要发展理念。10 多年来，余村人在"两山"理念指导下，走出了一条转型发展、绿色发展、和谐发展之路，形成了支部带村、民主管村、生态美村、发展强村、依法治村、平安护村、道德润村、清廉正村的"余村经验"，自治、法治、德治相结合的治村之道，为推进新时代乡村治理提供了示范样本。

相关链接

《习近平在浙江考察时强调　统筹推进疫情防控和经济社会发展工作　奋力实现今年经济社会发展目标任务》，《人民日报》2020 年 4 月 2 日。

《时隔 15 年，习近平再到安吉县余村考察》，新华网 2020 年 3 月 31 日，http://www.xinhuanet.com/politics/leaders/2020-03/31/c_1125791608.htm.

武夷山：科技特派员，帮茶农种好茶

过去茶产业是你们这里脱贫攻坚的支柱产业，今后要成为乡村振兴的支柱产业。要统筹做好茶文化、茶产业、茶科技这篇大文章，坚持绿色发展方向，强化品牌意识，优化营销流通环境，打牢乡村振兴的产业基础。

2021 年 3 月 22 日，习近平总书记在福建省南平武夷山市星村镇燕子窠生态茶园，同科技特派员、茶农亲切交流，了解当地茶产业发展情况。

武夷山市牢记习近平总书记嘱托，融合乡村旅游、文化体验、休闲农业，统筹做好茶文化、茶产业、茶科技这篇大文章。

在科技特派员赋能助力之下，好山好水出好茶，一片绿叶富万家。如今，一棵棵茶树，一个个茶园，铺就了一条广阔的乡村振兴之路。

茶农杨文春

"茶者，南方之嘉木也。"

鸟鸣深山，远处云雾缭绕，近处潺潺溪水顺流而下。这里是福建省武夷山市星村镇燕子窠生态茶园，武夷岩茶核心产区。2023年 6 月初，茶山上人头攒动，前来参观的游客络绎不绝，漫步在茶园拍照打卡，导游介绍着习近平总书记两年前到来时的情景。

"小心，别踩到大豆苗了！"行走茶园，茶农杨文春时不时提醒游客。刚被"掐尖"过的茶树，不少又长出嫩绿的新芽，脚下垄间，大豆苗长势正旺。杨文春是武夷山市首席岩茶厂负责人，在茶园的大幅展板照片上，他手拿着斗笠，站在习近平总书记旁边，弟妹游平秀站在习近平总书记身后，同样满脸笑容。

"武夷山这个地方物华天宝，茶文化历史久远，气候适宜、茶资源优势明显，又有科技支撑，形成了生机勃勃的茶产业。"2021年3月22日下午，习近平总书记来到这里，察看春茶长势，了解当地茶产业发展情况。

一块醒目的电子屏上，滚动显示着环境实时监测的5项指标，武夷山各大监测点的负氧离子、温度、湿度、PM2.5和PM10一目了然。作为武夷山市首席岩茶厂负责人，杨文春不仅是劳作的一把好手，对茶园的经营管理更是如数家珍。他向记者演示了油菜花掩埋的过程，自信地说，通过"有机肥＋绿肥轮作"模式，再也无需施肥施药，消费者也因此能喝到健康茶。

"要统筹做好茶文化、茶产业、茶科技这篇大文章。"习近平总书记对发展茶产业的要求，已经刻在石头上、摆放在茶园里。

沿着平坦整洁的乡村公路，从茶园到茶厂，开着皮卡车，杨文春用了不到10分钟，在村口，他停下车，买了一小兜刚采摘的野生杨梅，看得出来，杨文春人缘不错，时不时有村民热情地过来招呼。习近平总书记考察他家茶园后，他成了当地名人。

当时，杨文春正在茶园里翻土。

习近平总书记走过来问："你是科技特派员吗？"他说："不是，我是茶农。"习近平总书记仔细了解了杨文春一家的生活、收入等情况。杨文春告诉习近平总书记，他家早就超越小康奔富裕了。习近平总书记听了频频点头。

进入杨文春的茶厂，车间入口处，一块黑色栅板上堆满毛茶，4个中年妇女围坐着，每人一把竹椅，正在仔细拣茶，丝毫不理会进出的人，杨文春爱人与弟妹面对面坐着，另外两位是本村妇女。

在车间的另一处，一个工人躺在机器下，半截身子露在外面，这是正在抢修茶叶筛选机。

"燕子窠茶青产量保持稳定，每年毛茶产量达二三十万斤。"杨文春介绍，随着茶叶品质的提升，茶农的收入越来越有保障。未来，茶园将围绕"优质、安全、高效、生态"的发展目标，加强管理，努力打造健康好喝的武夷茶。

当地不少茶农说，作为生态茶的践行者，杨文春全家6人都吃"茶叶饭"，燕子窠岩茶名气越来越大，刚刚过去的四五月份采茶季，虽遭遇小小的旱情，但他的310亩岩茶品质都还不错。

习近平总书记考察燕子窠生态茶园后，一个此前默默无闻的山场燕子窠，一下子走到了聚光灯下。

武夷山景区内多岩壑峭壁，自古以来茶农多利用岩凹、石隙、石缝，垒石种茶，有"盆栽式"茶园之称，形成了"岩岩有茶，非岩不茶"之说。"窝""坑""涧""窠""岩""峰"，每个山场都有它独特的韵味。

"窠"原意是指昆虫、鸟兽的巢穴，以"窠"定名的山场在地形、环境上与"坑"类似，但"窠"比"坑"小，且山场环境相对多变。

燕子窠，在武夷山国家风景名胜区，也就是传统意义上的正岩产区内，九曲溪以北，三仰峰以西。如果你坐过武夷山的九曲漂流，应该会记得，在星村的九曲码头上船后不久，遇到的第一个景点是双乳峰，燕子窠就在双乳峰的背后。

"星村曾经是武夷岩茶的集散地，从天心岩、马头岩、慧苑坑、弥陀岩、竹窠等地生产的武夷茶都经过古茶道挑到星村镇茶市售卖，燕子窠是必经之地。"

燕子窠更引人注目的地方在于，它是国家农业可持续示范区示范点，示范的内容主要有三项：第一项是有机肥替代化肥的试点；第二项是茶园绿肥套种模式示范；第三项是优质高效生态茶园示范。

三位科技特派员

2021 年 3 月 22 日下午，习近平总书记来到星村镇燕子窠生态茶园，察看春茶长势，了解当地茶产业发展情况。科技特派员、福建农林大学根系生物学研究中心主任廖红教授向习近平总书记介绍了生态茶园的技术特点。

"听说在科技特派员团队指导下，茶园突出生态种植，提高了茶叶品质，带动了茶农增收，总书记十分高兴。"习近平总书记特别关心用什么取代化肥和农药。廖红说，冬天，在茶园间种油菜花，然后先把它压青，作为绿肥；夏天，种大豆，为茶树提供大量的氮。

2015 年，得益于科技特派员制度，廖红带领团队尝试在茶场套种大豆、油菜，利用大豆生物固氮效果作为"绿肥"，油菜开花后就地回田，补给土壤磷和钾。这一尝试得到了大自然的丰厚回馈——茶青产量保持稳定、茶叶品质持续上升。

2017 年，南平市获批第一批国家农业可持续发展试验示范区暨农业绿色发展先行区。这一年，在南平市农业农村局的推动下，廖红团队与燕子窠生态茶园合作，建立 1000 亩基地，运用这一试验成果。

这种"有机肥＋绿肥轮作"模式，有效调节和提升了茶园土壤有机质含量，同时起到生态防控虫害的作用。廖红介绍："生态茶园试验解决了过量施用化肥导致的土壤退化问题，又将农作物改造成'绿肥'保住了土壤养分，达到经济效益、生态效益的统一。"

燕子窠生态茶园的建立，不仅推动了武夷山茶产业的发展，而且给整个茶产业的科技创新和科研成果应用带来了启迪。至今，武夷山生态茶园示范面积累计超 3 万亩，为福建省生态种植提供了可推广、可复制的解决方案。

"总书记嘱咐我们，要把论文写在祖国大地上。"廖红信心满满。团队要把专业知识与产业结合，促进茶产业发展及乡村振兴。

走在茶园的小道上，廖红告诉习近平总书记：一亩生态茶园释放的二氧化碳，比常规的大量降低释放量。习近平总书记肯定了这种发展模式。习近平总书记对时任省委书记尹力说，福建要多引进农业科技人才，要激励科技人员把功课做在田间地头，把论文写在田野大地上。

3 月 22 日下午，在武夷山星村镇燕子窠生态茶园现场，徐茂兴见到了习近平总书记。

有长达 20 年科技特派员经历的徐茂兴，是武夷山市茶叶科学研究所派出的科技特派员。1995 年，徐茂兴从福建农林大学茶学专业毕业，被分配在武夷山市茶叶科学研究所搞科研。2018 年底，徐茂兴认识了廖红特派员，基于对茶的共同热爱，2019 年 3 月 12 日，俩人成立了"武夷山茶产业研究院"，专门促进武夷山绿色生态茶园发展。

那一天，廖红陪同习近平总书记一行走到正在翻土的徐茂兴面前。廖红告诉习近平总书记，徐茂兴从 2000 年就开始担任科技特派员。听后，习近平总书记风趣地说，他当时还是福建省省长。

"我觉得自己很普通，只是一个跟茶打交道的爱茶之人。我们大学茶专业的一些同学，毕业后转行的不少，现在啊，他们说话的口吻都变了，都很羡慕我。"徐茂兴告诉记者。

和徐茂兴聊过后，习近平总书记询问在场的两位茶农，了解他们有多少茶山，年收入多少。听到茶农占永禄说"年收入达 30 多万元"后，习近平总书记十分高兴，连声说，很好！很好！

目前，福建落实习近平总书记重要指示精神，在武夷山国家公园区域内，大力推行生态茶园升级改造，不断提升生态指标，保护生物多样性，目标是把武夷山的茶园都建成绿色低碳生态茶园。

作为科技特派员，两年多来，田间地头，深山老林，廖红与徐茂兴一道，深入更多茶场，帮助更多茶农建设绿色生态茶园。

2021 年 12 月这一个月内，他们就走访了武夷山刘官寨碧石岩茶区，浆溪村吴三地高山老枞水仙山场及武夷岩茶产业集群、大红袍、流香涧、三仰峰茶区等茶园种植管理情况，为茶园改造提供技术支持。

武夷山市茶业同业公会会长、武夷岩茶（大红袍）制作技艺传承人、南平市第一批"科技特派员"刘国英，向习近平总书记汇报了南平市科技特派员制度情况。20多年来，在科技特派员团队指导下，武夷山茶园突出生态种植，提高了茶叶品质，带动了茶农增收，对全市产业发展起到了很好的带动作用。

习近平总书记表示，要很好总结科技特派员制度经验，继续加以完善、巩固、坚持，要把茶文化、茶产业、茶科技统筹起来。过去茶产业是脱贫攻坚的支柱产业，今后要成为乡村振兴的支柱产业。

南平是红茶、乌龙茶、白茶三大茶类的发源地，武夷山的正山小种就是世界红茶的鼻祖，全国六大茶类中南平有四大类。

"不管是科技特派员工作还是茶产业发展，习近平总书记都给予了肯定，这对我们来说是极大的鼓舞。"作为一名科技特派员，刘国英表示，他将继续深耕制茶技术，努力培养更多优秀的制茶人员，提高整个行业的制茶水平，不断提升茶叶品质，助力茶农增收。

做茶的传承人

科技特派员制度源起南平、兴于福建、推向全国。

习近平同志在福建工作期间，深入南平调查研究，发现了科技特派员制度是推动农村发展的机制和制度创新。他亲自总结提炼，在全省推广，如今已经推向全国。

自1999年2月，武夷山市首批22名科技特派员开创了科技下乡之路，历经22年，先后选派1766人次科技特派员赴全市开展科技服务工作。

大批科技特派员"下到基层",让技术走出象牙塔,让人才走进生产、生活,科技工作者有了更广阔的舞台,广大农户特别是武夷山的茶农,直接享受了科技带来的发展实惠。

6月武夷山,茶香漫全城,走进家家户户,入座片刻,醇厚甘鲜的茶汤马上就会递过来。

习近平总书记考察武夷山生态茶园,让茶农深刻意识到绿色发展的重要性。茶园管理生态化,才有真正的绿色健康茶。茶农吴福英说,搞绿色茶园,坑口岩工厂是直接受益者,他们的茶明显比往年卖得好,市场更大了,渠道更多了,业绩全面提升。

叶福新祖祖辈辈都做茶,是岩茶世家,他有一款马头茶产品叫"不用问",是家喻户晓的品牌,在业界,大家都尊称他为"叶大师"。叶福新扩建的4000平方米茶厂正在装修,他说,现在,他"方向更稳了""全家信心更足了"。他们家7个兄弟姐妹,"哪个坑哪个洞都有茶",整个家族拧成一股绳,齐心做好茶文章。

一片茶叶,是闽北武夷山人世代相传的手艺,也是当地乡村振兴的支柱产业。在武夷山,茶农讲究传承,一人做茶,整个家族都做茶,"茶二代""茶三代"屡见不鲜,爷爷辈做茶,父亲辈做茶,茶农自己这一代仍会做茶,并且希望自己的孩子将来还做茶。

天心岩茶村承武岩茶厂的李健峰今年33岁,依靠种茶,早过上了富裕的生活。他说,从爷爷开始,三代人都生活在山里,爷爷那些年很苦,吃不饱穿不暖,茶叶大多"贱卖",科技特派员助力后,茶叶品质上去了,产量销量都好了。现在,许多茶农都盖了厂房，有能力自己生产制茶了。他希望，自己的小孩也能把岩茶传统制茶手艺传下去，做一杯干干净净的正岩茶。

据介绍，武夷山建立各类科技特派员工作站 59 个、科技特派员示范基地 189 个，成立了武夷山市科技特派员服务中心，每年列支 500 万元科技特派员创业行动项目资金和创业风险投资基金，用于支持开展科技特派员工作。

2021 年 3 月，习近平总书记到武夷山考察以来，武夷山成立了武夷山市科技特派员助力乡村振兴工作专班，出台了《深入推进新时代科技特派员制度三年行动计划（2021—2023 年）》，对全市科技特派员工作进行了全面部署。

截至目前，武夷山根据不同专业、不同产业组建科技特派员服务团队，其中选任茶产业领域科技特派员 88 人，服务领域覆盖茶种质资源 12 人、生态种植 19 人、生产加工 34 人、茶衍生品开发 4 人、市场营销和电商销售 9 人、茶文化和茶品牌建设 10 人等环节，实现茶全产业链科技服务全覆盖。

2021 年，武夷山市茶产业产值 120.08 亿元，干毛茶产量 2.36 万吨，产值 22.85 亿元，茶产业税收 1.1 亿元，同比增长 55.6%。

如今，牢记习近平总书记嘱托，落实习近平总书记要求，以燕子窠为代表的武夷山茶场，纷纷融合乡村旅游、文化体验、休闲农业，统筹茶文化、茶产业、茶科技，从种茶到采茶、制茶、品茶，从品牌到销售，茶产业链条的每个环节用科技赋能品质，以文化提升附加值，统筹做好茶文化、茶产业、茶科技这篇大文章，全力做大做强武夷山乡村振兴茶支柱产业。

星村镇燕子窠生态茶园简介

星村镇燕子窠生态茶园位于武夷岩茶核心产区，占地1000亩，是国家农业可持续发展试验示范区示范点。

茶园实行无化肥无农药的管理模式，采取"有机肥＋绿肥（油菜大豆轮作）"种植模式，以绿色发展为中心，依靠产学研深度融合平台，通过政府引导、科技支撑，因地制宜实现茶园减肥减药、提质增效生产。

相关链接

《推进"科特派"做好茶文章》,《福建日报》2021年3月26日。

《总书记叮嘱"把论文写在田野大地上"》,《人民日报》2022年12月22日。

《"这里的山山水水、一草一木，我深有感情"——记"十四五"开局之际习近平总书记赴福建考察调研》，人民网2021年3月27日，http://fj.people.com.cn/n2/2021/0327/c181466-34644396.html.

塞罕坝：三代人接续奋斗造『林海』

要传承好塞罕坝精神，深刻理解和落实生态文明理念，再接再厉、二次创业，在实现第二个百年奋斗目标新征程上再建功立业。

2023年6月初的一个清晨，霞光满天，飞鸟伴行。沿国家一号风景大道，驱车进入塞罕坝机械林场腹地，仪表盘显示车外16℃。降下车窗，清新的空气中，混合着松油和泥土香，浸入肺腑。

正值机械林场防火季，场外车辆不能入林场各营林区域。在林场工作人员引导下，记者走进郁郁葱葱的尚海纪念林。

尚海纪念林位于塞罕坝机械林场马蹄坑营林区。60年前，林场首任党委书记王尚海指挥马蹄坑"大会战"，从这里开始进行大规模机械化造林，种活了塞罕坝百万亩林海第一片林，造就了塞罕坝精神。

2021年8月23日，习近平总书记考察塞罕坝机械林场。当天下午，总书记来到尚海纪念林，同林场职工代表亲切交流。总书记强调，塞罕坝精神是中国共产党精神谱系的组成部分。全党全国人民要发扬这种精神，把绿色经济和生态文明发展好。

登顶塞罕坝机械林场月亮山，天高云淡，绿色山林，从眼前铺向远方，极目远眺，远山如黛，连绵起伏。林场工作人员告诉记者，如果登上望海楼，将看到滔滔林海，一眼望不到边际。

在机械林场115万亩森林深处，共耸立着9座集防火和森林资源管护于一体的望海楼，它们设立在不同的海拔高点，被称作"林海的眼睛"。又因远离人烟，条件艰苦，多数是夫妻瞭望员负责值守，所以又称之"夫妻望海楼"。

考察塞罕坝机械林场期间，习近平总书记来到月亮山，在这里听取了河北统筹推进山水林田湖草沙系统治理和林场管护情况介绍。总书记走进月亮山望海楼，亲切看望瞭望员刘军、王娟夫妇。

在塞罕坝展览馆，讲解员带参观者回看机械林场发展史：面对极寒、干旱、高海拔，三代务林人餐风啮雪、百折不回、接力前行，用一个甲子时间，在黄沙遮日、鸟无栖树的荒漠沙地上，种出世界上最大一片人工林，创造了从一棵树到百万亩林海的人间奇迹，铸就了可歌可泣的塞罕坝精神。

第一代人：每棵树都留下了我们的岁月年轮

在塞罕坝展览馆，"六女上坝"故事震撼着每一位参观者。2017 年，作为"六女"之一，74 岁的陈彦娴代表塞罕坝机械林场三代务林人，从联合国环境规划署领回了"地球卫士奖"。

2021 年 8 月 23 日，在尚海纪念林与林场职工代表交流时，习近平总书记认出了陈彦娴，很关心她退休后的生活。

"总书记问我，老同志，你就是去国际上领奖的那位吧？总书记那么忙，却记着我这个普通的工人，让我觉得非常亲切。"陈彦娴告诉记者，"总书记说他之前没有来过承德，也没有来过塞罕坝，但他对塞罕坝非常了解。"

早在 2017 年 8 月，习近平总书记就对塞罕坝机械林场建设者的感人事迹作出重要批示，称赞林场的建设者们"铸就了牢记使命、艰苦创业、绿色发展的塞罕坝精神"。

"身为第一代林场职工，我们这代人在塞罕坝成就了国家的绿色梦、自己的绿色梦。这里的每棵树，都留下了我们生命的年轮，每一亩林，都记载着我们青春的记忆。"

时间倒转，回到1964年。

这一年，19岁的陈彦娴在承德二中备战高考。为响应知识青年上山下乡的号召，她和同寝室另外五位小姐妹决定下乡去锻炼。

这一年，是塞罕坝机械林场成立的第3个年头，急需各类青年才俊加入。

"要是去了机械林场，我们就能像北大荒女拖拉机手梁军一样，开着拖拉机在荒原上播种希望。"陈彦娴憧憬着。

酷热的夏天，"六女"带着简单的行囊从承德出发了。坐上颠簸的敞篷卡车，一路越走越荒凉。两天后，当卡车爬上海拔1500多米的塞罕坝机械林场场部时，只穿了一件小褂的陈彦娴被冻得浑身打哆嗦。

原本以为上坝后就可以神气地进行机械造林了，实际上"六女"的第一份工作是在苗圃倒大粪。6个女孩子不仅要忍受难闻的气味，还要跟上大家的节奏，一天下来累得连碗筷都拿不起来。

"先治坡、后治窝，先生产、后生活"，塞罕坝机械林场第一代务林人就是这么一路走过来的。"六女"住过透风的仓库，也住过漏雨的窝棚，衣服、被褥常年是潮乎乎的。

经过几个月，"六女"可以参加造林作业了。造林要上山，上山要走很远的路、爬很高的坡，往往是还没到作业点，水壶就见了底，而除了泥水，山上再无可喝的水。陈彦娴嘴唇干裂，张不开嘴，只能把干粮掰成小块儿往嘴里塞。

最难熬的还是冬天。那时，塞罕坝地区无霜期仅有 60 多天，最低气温 -41℃。陈彦娴清楚地记得，上坝不久，也就是农历八月十五前后，机械林场的"冬天"就来了。男职工上山进行残木清理作业，她们跟在后面一步不落。

在山上，有绕不开的过膝大雪，也有躲不过凛冽的"白毛风"，冻得连呼吸都觉得费劲，陈彦娴的脸、耳朵很快就有了血淋子。

晚上，在地窖子里，几个女孩盘坐在只铺了一层莜麦秸秆的土炕上，挤在一盏煤油灯下，吃黑馒头配咸菜疙瘩，再喝上几口冰雪融化烧开的水。即便身子已经暖和过来了，睡觉的时候，帽子和棉袄棉裤也不能离身。早上起来，陈彦娴发现自己的眉毛、帽子、被子上都是一层厚厚的霜。

1976 年，陈彦娴的母亲给她找到了接收单位，并且亲自来林场做她的思想工作，希望她能向林场提出申请，调回承德市区工作。可是，陈彦娴舍不得那片正在茁壮成长的小树，思考再三，她把母亲送上了返程的客车，回到林场继续工作，直至退休。

与陈彦娴同时期进入机械林场工作的第一代务林人，很多已经走完了人生历程。每当想起已故"战友"，陈彦娴就会到尚海纪念林走一走。

王尚海是陈彦娴最想念的人，老书记指挥马蹄坑"大会战"的场景，常出现在她的梦里。

1962 年秋，老书记带着 369 名平均年龄不到 24 岁的年轻人，来到黄沙漫天的塞罕坝，当年就完成造林 1000 亩，只可惜因缺乏在高寒地区造林的经验，千亩林木成活率不足 5%。第二年造林 1240 亩，成活率不足 8%。

面对超出想象的困难和挫折，有人这样写道：天低云淡，坝上塞罕，一夜风雪满山川；两年栽树全枯死，壮志难酬，不如下坝换新天。关键时刻，老书记毅然决然交出承德市区的房子，带着妻子和 5 个孩子上坝安了家。

1964 年春天，老书记发现了一个形似马蹄踏痕、面积 700 余亩的地块适宜机械作业，马上调集了最精良的装备，挑选 120 名精兵强将挺进马蹄坑。当年 10 月，马蹄坑"大会战"所植的落叶松平均成活率达到 99% 以上，国内首次用机械栽植针叶树获得成功。

老书记在塞罕坝干了 13 年，其间有人曾劝他辞职回老家。倔强的老书记眼睛一瞪说，除非林场建成，否则死也要死在坝上，连坟地都找好了。1989 年底，老书记在弥留之际手指北方，留下生命里最后三个字：塞—罕—坝。老书记走后，他的亲人将骨灰撒在了马蹄坑，伴他长眠的那片松林被命名为"尚海纪念林"。

第二代人：守望林海，期盼平安

刘军做梦也想不到，习近平总书记会到海拔 1900 米的月亮山上看望他和爱人王娟。

"总书记带着微笑走进望海楼，先是走进我们的起居室，边看

173

边仔细问我们住得暖不暖、可不可以洗上热水澡、做饭吃水有没有困难，后又问了我们的收入。"习近平总书记的贴心关怀，像家人一样温暖。

那天，刘军夫妇陪着总书记拾级而上，来到位于望海楼三楼的瞭望台。这里是夫妇二人的工作区。习近平总书记仔细翻阅瞭望日志簿，并向刘军夫妇详细了解了瞭望员的工作职责。

刘军向习近平总书记报告：防火期内瞭望员不下山，时刻坚守岗位。

刘军清楚记得，那天，习近平总书记转身来到瞭望窗口，用望远镜眺望他们夫妇所负责的防火责任区。当满眼苍翠尽收眼底，总书记称赞他们默默坚守、无私奉献，守护了塞罕坝生态安全。

在塞罕坝机械林场，第一代务林人献了青春献终身，献了终身献子孙，他们的子辈和孙辈大部分生于林场，长于林场，毕业后又回到林场工作。后辈像前辈一样，扎根林区，守护绿色，接力传递塞罕坝精神。

作为林场第二代务林人，从 2008 年登上林海深处的望海楼，刘军、王娟夫妇就与另外 7 对夫妇一起，成为百万亩林海的瞭望者、三代塞罕坝人心血的守护人。10 多年来，刘军、王娟夫妇守望的是林海，观察的是火情，期盼的是平安。

塞罕坝机械林场的防火期分为春、秋两季。春季防火期从每年的 3 月 15 日到 6 月 15 日，秋季防火期从 9 月 15 日到 11 月 15 日。防火期内，要求防火瞭望员 24 小时值守在望海楼内。

从早上 6 点到晚上 9 点，每隔 15 分钟，刘军夫妇就要向所属分场防火办汇报一次情况，夜里则每隔一个小时汇报一次。整个防火紧要期下来，二人合计要汇报一万余次。

把简单的事情做到极致，就是不简单。虽然每次汇报只有"月亮山，一切正常"一句话，却时刻检验着刘军夫妇的初心与责任心。

每逢防火期，刘军夫妇的神经总是绷得紧紧的，没睡过一个完整觉。特别是到后半夜，即便人体生物钟早已形成，他们也要用手机设好闹钟，用作瞭望提醒。

说来也奇怪，自从登上月亮山，进了望海楼，刘军夫妇总会做同一个梦，"梦见着火了，可电话就是打不出去，就给急醒了，而醒了就再也不敢睡了"。

近几年，塞罕坝机械林场将115万亩林地划成了110个小区域，实现卫星、无人机、探火雷达，与视频监控、高山瞭望、地面巡护相结合，形成一体化预警监测体系。

习近平总书记考察之后，林场又为9座望海楼配备了罗盘、方位图、电子望远镜等设备。但在刘军看来，无论科技多么发达，无论拥有多少瞭望神器，都不会代替人的坚守，更不会代替人对树的感情。

望海楼里夫妻瞭望员的执着坚守，是塞罕坝人艰苦创业、守土有责的缩影，正是他们忠于使命的敬业态度，60多年来，塞罕坝机械林场没有发生过一起森林火灾。

第三代人：这里有我们的诗和远方

作为塞罕坝机械林场森林消防大队的"80后"消防员，戴楠每次去塞罕坝展览馆，都要在林场林科所老所长戴继先的事迹展位前站立许久。

1991年，戴继先举家从张家口来到塞罕坝机械林场，成为第二代务林人。在主持林科所工作期间，他跑遍了全场的每一个林班，带领科研人员攻克了很多技术难题。多年的超负荷工作使他积劳成疾，52岁戴继先因病离世。临终前，面对家人，戴继先遗憾地说自己还有很多工作没有做完。儿子跪在他床头哭着说："爸，放心吧，您没干完的事，我接着干！"

尽管没能和戴继先一样从事林业科研事业，但作为儿子，戴楠对父亲"没做完的工作"的理解，就是把塞罕坝百万亩林海守好，让塞罕坝的绿色奇迹永远延续下去。

2006年，戴楠辞掉了石家庄的工作，回到父亲奋斗过的地方，扎根到林场防火工作第一线，一干就是17年。

戴楠说，《壮志在我胸》是他最喜欢的一首歌，每次带队员们巡山，听见鸟叫虫鸣，看着鱼游溪底，可采撷的山珍越来越多，消失已久的野生动物不仅回来了，还敢与人类亲近，他都会兴奋地吼几嗓子。

良好的生态环境，让塞罕坝成为珍贵的动植物物种基因库。目前，这里有陆生野生脊椎动物261种、鱼类32种、昆虫660种、大型真菌 179 种、植物 625 种。其中，有国家重点保护动物 47 种、保护植物 9 种。

戴楠在自己的工作手册中这样写道：路虽远，行则将至；事虽难，做则必成。正是因为父辈们的壮志在胸，才把今天我巡护的这方土地，变成了河的源头、云的故乡、林的世界、花的海洋、珍禽异兽的天堂。山河为证，林海即名。这里有我们第三代务林人的诗和远方。

1986 年出生的袁中伟，2011 年通过省直事业单位招考后，来到机械林场工作。在他看来，自己虽然不是代际传递的第三代务林人，但在这里，领导和同事们待他像家里人一样。

袁中伟感到，艰苦创业依旧是塞罕坝人的奋斗主旋律。新时代十年，第三代务林人像当年开展马蹄坑"大会战"一样，向土壤贫瘠和岩石裸露的石质阳坡进军，肩扛马拉、镐刨钎凿、保水覆膜……9 万多亩石质荒山被全部绿化。

在塞罕坝精神的感召下，如今，越来越多的有为青年奔赴这片绿海，继承前辈艰苦创业的精神，让葱郁青翠填满塞罕坝的沟沟壑壑、峁峁梁梁。

作为"90 后"技术员，王雪萌是 2019 年到林场工作的，属第三代务林人中的新生力量。她表示："塞罕坝正在二次创业。总书记对塞罕坝的指示激励着我们，二次创业，为青年人搭建了建功立业大舞台，站在前辈的肩上，我们这一代人，也要为莽莽林海留下属于自己的生命年轮、青春记忆。"

有人说，60 多年来，塞罕坝机械林场三代务林人种下的不仅是一棵棵树，也是一种信念；造就的不仅是美丽山川，也是受人景仰的精神旗帜。而今，这面旗帜正从坝上跃起，向四面八方流动，影响着周边地区的发展路径。

第一代务林人陈彦娴说，弘扬塞罕坝精神，要使命至上，赓续初心铸忠诚。

第二代务林人刘军说，弘扬塞罕坝精神，要不畏艰苦，直面困难，甘于平淡。

第三代务林人戴楠说，弘扬塞罕坝精神，要久久为功，苦干实干。

塞罕坝人说，他们将走好新时代塞罕坝新的长征路，全面开展二次创业，到2030年，要让林场林地面积达到120万亩，森林覆盖率提高到86%，让森林生态系统更加稳定、健康、优质、高效，生态服务功能显著增强。

在塞罕坝，三代人接续织就的精神旗帜正高高飘扬！

塞罕坝简介

塞罕坝是蒙汉合璧语，意为"美丽的高岭"，地处河北省最北部、内蒙古高原浑善达克沙地南缘。这里曾经树木茂密、水草丰美、鸟兽繁多，清康熙皇帝在此和周边区域设立了木兰围场，作为皇家猎苑。到20世纪50年代初，这座距北京直线距离仅有180公里的"美丽的高岭"，已经退变为茫茫荒原。

"为首都阻沙源、为京津蓄水源。"1962年，根据党中央批示，原国家林业部紧急从全国18个省区市的24所大中专院校调配127

名毕业生，和当地242名干部工人一起进军坝上，组建成立塞罕坝机械林场。60多年来，一代代塞罕坝人接续奋斗，在"黄沙遮天日，飞鸟无栖树"的百万亩荒原沙地上，建成了世界上面积最大的人工林场，创造了人类改造大自然的中国奇迹，先后获得联合国环保最高荣誉——地球卫士奖，联合国防治荒漠化领域最高荣誉——土地生命奖。

而今，人逼沙退，碧波万顷，白云蓝天，塞罕坝已成为"华北的绿色之肺"、京津的生态屏障、塞外的璀璨明珠。据不完全统计，塞罕坝每年为京津输送净水近1.4亿立方米，固碳约74万吨，释放氧气约55万吨，年生态效益超过120亿元。

相关链接

《习近平在河北承德考察时强调　贯彻新发展理念弘扬塞罕坝精神　努力完成全年经济社会发展主要目标任务》,《人民日报》2021年8月26日。

《习近平对河北塞罕坝林场建设者感人事迹作出重要指示》,新华网2017年8月28日，http://www.xinhuanet.com//politics/2017-08/28/c_1121557749.htm?from=groupmessage&isappinstalled=0.

古生村：洱海清苍山翠日子美

大自然是人类赖以生存发展的基本条件。尊重自然、顺应自然、保护自然，是全面建设社会主义现代化国家的内在要求。必须牢固树立和践行绿水青山就是金山银山的理念，站在人与自然和谐共生的高度谋划发展。

"苍山不墨千秋画，洱海无弦万古琴。"

千百年来，文人泼墨挥毫写下赞美大理的诗句楹联数不胜数，云南大理更是海内外游客心驰神往的"诗和远方"，而洱海则被当地人称为"母亲湖"，是大理的一张亮丽名片。

2015 年 1 月，习近平总书记来到大理市湾桥镇古生村，走上木栈道，同当地干部合影后说："立此存照，过几年再来，希望水更干净清澈。"他嘱咐一定要把洱海保护好。

很难想象，如今海平如镜的洱海也曾一度被蓝藻侵占，遭受过岁月的蹂躏，面临过危机。近代以来，随着工农业和城市化的快速发展，围湖造田、森林砍伐、网箱养鱼等活动加剧，当地群众揪心地看着臭气熏天的污水奔入洱海。

为挽回洱海这珍贵的碧波绿水，云南省展开了一场洱海保卫战。8 年间，大理州、市各级党委和政府十分重视洱海保护，采取了保护洱海"七大行动""八大攻坚战""三禁四推"等减少面源污染的措施，禁用含氮磷化肥、禁用高毒高残留农药、禁种以大蒜为主的大水大肥农作物……还为家家户户建设了污水收集管网，不让污水流入洱海。

如今，推门而望，清澈的湖水在阳光下泛着波光，蓝天白云、洱海碧波交织交融，洱海的水质日益好转。"看着这样清澈的洱海，我们每天的心情也不一样。"古生村党支部书记何桥坤自豪地对记者说。

洱海清，大理兴

盛夏 6 月，记者走进古生村，青瓦白墙、涂满诗情画意彩绘的白族民居扑面而来，涓涓细流沿着青石板渠流淌，漫过滩涂水柳，宛如一卷空灵质朴的水墨画。

清晨，巷口梨树下，坐着几位正在闲聊的大爷，何桥坤正是其中一员。他缓缓站起身，端着一壶刚泡好的茶水向记者走了过来。

谈及古生村这些年的变化，他坦言："以前是有段时间湖水被污染，候鸟不来了，湖里的鱼虾吃起来都不新鲜了。有几次村子附近湖体还暴发了蓝藻。不过这些年，已经没有人随意排污水、倒垃圾了，大家都意识到保护环境、保护洱海，不是为别人，而是为自己。"

2015 年 1 月 20 日，习近平总书记来到云南省大理白族自治州大理市湾桥镇古生村考察调研。在洱海边，习近平总书记仔细察看生态保护湿地，听取洱海保护情况介绍。他强调，经济要发展，但不能以破坏生态环境为代价。生态环境保护是一个长期任务，要久久为功。一定要把洱海保护好，让"苍山不墨千秋画，洱海无弦万古琴"的自然美景永驻人间。

"当时我就在旁边，心情非常激动，也备受鼓舞。"时隔多年，何桥坤对当时的情景依旧记忆犹新。

8 年多来，大理州各族干部群众始终牢记习近平总书记的殷殷嘱托，通过开展环湖截污工程、生态廊道建设、农业面源污染防治等系列措施，推动洱海保护实现了从"一湖之治"向"全域之治""生态之治"的转变。

走在一条条干净整洁的青石板铺设的路面上，记者发现村内多个水塘相接构成的库塘系统十分特别。清澈流水穿村而过，没有任何异味，为这个本就如诗如画的小村庄增添了一丝悠然娴静。

何桥坤说："这就是我们大理州实施的环湖截污工程，采用'分布式下沉再生水生态系统'，截断生活污水进入洱海，对污水就近处理，现在每个村子都有管网，家家户户的生活污水不允许直接排放到洱海。必须输送到污水处理厂处理后，达标了再作为中水回用。"

"在截污干渠建成前，我们关停了很多餐饮客栈，目的是先停止污水排放，再抓紧时间建设环保设施，确保污水收集进入管网。"何桥坤回忆道。经过一番整治，不少达标的餐饮客栈已经重新开业。

"被截住的污水如何处理？污水处理厂建在洱海周边，会不会影响游客的观感？"

带着这些疑问，记者走进了大理市的一家下沉式再生水厂，一进门，环顾四周，整个厂区绿草如茵，闻不到丝毫异味，很难想象这是一个污水处理厂。

"我们牢记总书记的嘱托，始终把'洱海清，大理兴'作为根本发展理念。近些年，洱海周边新建了6座污水处理厂，水厂处理规模达到近期5.4万立方米/日，远期11.8万立方米/日，出水达到国家一级 A 类排放标准。"该再生水厂负责人李建军介绍。

李建军表示："我们污水厂是建在地下的，周围居民生活、洱海的景观都不会受到影响。经过处理后的尾水还可以用于河道生态补水、消防、绿化和农田灌溉等。"

功夫不负有心人，大理州、市各级党委和政府对洱海保护的重视，加上村民们自觉性逐渐提高，日积月累地坚守与呵护，如今，洱海已经恢复到曾经如银似玉的容貌，古生村形成了"户保洁、村收集、镇清运"的垃圾收集清运长效机制，实现到户收集全覆盖，集中收集处理庭院污水。

"洱海水越来越清了、水质越来越好了，湖区栖息的候鸟种类也越来越多了，来这里旅游的游客越来越多，村民们的腰包也鼓了起来。"说到这，何桥坤脸上不禁洋溢起笑容。

夕阳西下，一片片绿树掩映的院落上空升起了袅袅炊烟。民族特色村寨游、生态湿地观光游等一批惠民生态旅游产业正在古生村悄然兴起。

品古韵，拾乡愁

沿着古生村往湖边走，便会看到物理隔离和生态环保屏障构成的生态廊道，左手边是水天一色的洱海，右手边是青瓦白墙民居院落，宛如走进一幅风光旖旎的画卷中，心中所有的不悦都烟消云散。

在这条生态廊道上，有个地方是一定要去的，那就是乡愁小院。

2015 年 1 月 20 日，习近平总书记在云南考察调研期间来到古生村，在村民李德昌的小院里与白族乡亲亲切交谈。55 岁的李德昌是土生土长的古生村人，年轻时外出务工，后来又在镇上供电所上班。时隔 8 年，李德昌对当时的情景依旧历历在目："总书记来到家里，问我们家生活情况。问我们平时用什么来做饭，我说用电饭煲、电磁炉、液化灶，又环保又省钱。总书记说，环保好。"

依山傍水"三坊一照壁"的白族民居、绿意盎然的小院风景，让习近平总书记连声称赞。"当时就是围坐在这张小桌子前，总书记嘱托我们一定要把洱海保护好。总书记还说这里环境整洁，又保持着古朴的形态，这样的庭院比西式洋房好，记得住乡愁。"李德昌说。

"当时对乡愁的意义我们还听不懂，之后总书记又分析给我们听，乡愁是什么意思呢，就是来到这个地方想念这个地方，舍不得离开，也叫'乡愁'。"李德昌告诉记者，就是从那天起，他把这个小院取名为"乡愁小院"。

"我们会把这个小院保持好，得和总书记来之前、来之后都一个样，也守护好这份乡愁，讲好乡愁这个故事。"李德昌说。

漫步村中，绘满白族风韵的照壁古色古香，照壁大多集"风水墙""文化墙""采光墙"等特性于一体，是白族独特的文化现象之一。随处可见的古桥、古树、古戏台……处处展现着古生村千年古村的风貌。

"我们古生村有 2000 多年的历史，村中古建筑很多，建于明代的福海寺、凤鸣桥，清代的古戏台、龙王庙等文物古迹至今仍保存完好。"何桥坤站在一棵 300 多年树龄的大青树下对记者说。

品古韵，闻古香，拾乡愁。一时之间，人们对这里心向往之，乡愁亦被赋予了全新的时代意义。如今，慕名而来参观古生村的游人络绎不绝，天南海北的人相聚在此，找寻久违的乡愁。

夏日的洱海在朝阳的映照下，波光粼粼。

天刚蒙蒙亮，古生村洱海边几位身着橙色小马褂的人在忙碌着什么。记者凑过去询问，才知他们是蓝藻打捞队的，主要负责洱海滩地打捞水草以及沟渠清理。"近几年来我们村旅游的人明显变多了，我们更要守护好洱海，看着它越来越清澈，我也很骄傲。"湾桥镇蓝藻打捞队队长杨利红说。

不光他自己，他的父亲、妻子都是洱海环保卫士。从 2016 年洱海保护攻坚战开始，杨利红夫妻俩就踊跃报名，并最终双双加入洱海保护工作，现在妻子是洱海保护巾帼打捞队的一员，早出晚归是杨利红夫妻俩的常态。

"一年四季都要打捞的，冷点也没事，多穿点就好了……"说完，杨利红黝黑的脸上露出质朴的笑容，杨利红和他身边的"战友"、亲人，坚持多年用行动去保护洱海。

"我通常是早上 8 点出门，晚上 5 点回家。"蓝藻打捞队副队长严炳其说，"不觉得枯燥，这些事必须要有人干。"对他而言，守护洱海湾桥镇片区的生态环境，不仅仅是一份工作，早已成为他生活中的一部分。

"洱海是我们的'母亲湖'，我就是在洱海边长大的，那时候洱海水是 I 类水，可以直接喝。后来沿湖而建的房子越来越多，洱海受到了一些污染。不过近几年，生态廊道建起来了，政府也落实了很多洱海保护政策，看着洱海水质一天天变好，累点也值得。"严炳其欣慰地说。

每当太阳冉冉升起，在洱海沿岸划着船，拿着钉耙俯身弯腰打捞水草的不只他们，还有很多村民也在自己的岗位上恪尽职守，滩地管理员、河道专管员、田间管水员每日巡逻在洱海边，只为还洱海一片碧波荡漾。

多年来，古生村秉承着"依托现有山水文脉，保持自然格局，让居民望得见山、看得见水、记得住乡愁"的理念建设美丽乡村，让更多的游客感受苍山下、洱海边特有的闲暇与惬意，感悟人与自然的融洽与和谐。

当游客们悠闲自在地漫步在古生村称赞其山清水秀之时，恐怕只有在洱海畔生活了一辈子的居民才知道，此番美景是多么的来之不易，是这些年全村人共同努力的结果。

科研融入乡愁

尽得山水之妙的古生村，背倚苍山，前临洱海，既有传统农耕文明的浓浓乡愁，又有一往无前、面向未来的包容与进步。

位于古生村不远处的阳溪旁，有一座院子引起了记者的注意，院子门口墙上赫然写着"解民生之多艰，育天下之英才"几个大字，经过询问得知，这是一座由中国农业大学、云南农业大学、大理州人民政府共同成立的科技小院。

该科技小院的主要任务是在保护洱海的同时，促进农民增收和农业绿色转型，通过科技赋能和人才支撑全面助力乡村振兴。

目前，科技小院常驻教授有 20 多名、硕士研究生 14 名，200多名各地专家学者经常来小院交流调研。他们和当地农民同吃同住同劳动，为农民提供零距离、零门槛、零费用的服务。

"每天都要采集沟渠水样，阴天下雨也要去，雨季的话会重点监测，因为下雨会冲刷那些肥料农药，形成地表浸透，不过雨天取样也会更困难一些。"常驻科技小院的一名研三学生姚晨曦说。

年纪轻轻的姚晨曦在还没有入学时，就参与了洱海保护工作。2022 年 2 月，古生村科技小院正式揭牌后，她便来到了这里。没有车水马龙的喧嚣，睁开眼便是沃野千里的农田，她不辞劳苦地为精准解析农业面源污染奉献力量。

平日里，姚晨曦的身影时常出现在稻田中，她主要负责古生片区"六纵七横"监测体系中共计 21 个主要监测点位的日常监测和降雨监测，每日早中晚进行水深、流速等指标监测和水体样品采集，经常会在烈日下暴晒很久。尽管穿了防晒服，她的脸还是被紫外线烤黑了一圈。但她从未抱怨过来到这里，"目前我们科技小院主要研究任务是如何精准防控流域面源污染、发展绿色高值农业以及传承乡愁文化。很荣幸能尽自己的一份力量参与其中"。说完，笑容在她稚嫩的脸上徐徐绽放。

来自贵州毕节的研究生陈聪也是驻村学生之一，今年春天来到科技小院，参与鲜食玉米的种植。

"实际种植起来和书本上教的内容还是有很大区别的，在这里我们也会向当地农民伯伯请教一些种植方面的实践技巧。村民们也会热情地教我们唱民族歌、跳民族舞、体验民族文化。"陈聪说。

"刚来的时候，有的村民会拉着我们给他们做水质检测，现在已经不会了，大家对洱海的水质都很放心。"陈聪逐渐融入村民圈子，与他们做朋友。"每天看着自己种的鲜食玉米一点点长大，自己内心也很有成就感。"陈聪嘴角微微上扬。

在这静谧安逸的小村庄，一碧万顷的洱海旁，这样一群师生共驻农业生产一线，践行党的二十大精神，以自己的实际行动保护着洱海。

承包古生村约百亩农田，开展生态种植的村民李香鱼欣慰地说："自古生村科技小院建成以来，村子里明显活跃起来。他们年轻有活力，指导村民增收增效，还为村民提供了不少科学种植知识，我们欢迎更多的知识青年来这里。"

留住绿水青山

习近平总书记在党的二十大报告中指出，大自然是人类赖以生存发展的基本条件。尊重自然、顺应自然、保护自然，是全面建设社会主义现代化国家的内在要求。必须牢固树立和践行"绿水青山就是金山银山"的理念，站在人与自然和谐共生的高度谋划发展。

时代车轮滚滚向前，这一历久弥新的理念，更加迸发出卓越的生命力。

2015年1月，习近平总书记考察大理时作出"一定要把洱海保护好"的嘱托，并对大理的乡村赞叹有加。大理州各族干部群众牢记嘱托、感恩奋进，坚定不移推进各项重点工作。

"书写着'一定要把洱海保护好'的大青石，8年来巍然伫立在我们古生村海滨，总书记的嘱咐我们子子孙孙都不会忘，洱海一定会越来越清澈。"何桥坤说。

2016年以来，大理开启洱海保护治理抢救模式，在洱海流域实施"七大行动"，加大洱海流域农业面源污染治理力度，实施了化肥农药减量、科学划定畜禽禁养限养区、畜禽粪污收集处理及推广使用有机肥、洱海流域禁种大蒜等措施。

"十三五"期间，洱海全湖水质累计实现32个月Ⅱ类，总体水质由富营养初期状态转为中营养状态，没有发生规模化蓝藻水华。洱海水质连续3年为"优"，全湖没有发生规模化藻类水华，一度消失的"水质风向标"海菜花又重现洱海。

"鱼逐水草而居，鸟择良木而栖。"2022年，古生村人均纯收入达15875元，较2012年增长近两倍，群众生活更加殷实幸福，形成了"注重文化，保护优先"的古生村传统村落保护发展模式。

从污泥浊水到清澈见底，从不知所措到人心所向，从一蹶不振到蓬勃发展，古生村发生了翻天覆地的变化。让这样的自然美景永驻人间，正在古生人的共同努力下实现。

接下来，古生村还将继续贯彻"生态优先、绿色发展"理念，按照"统一规划、分步实施"的原则，打造生态高效农业品牌，发展绿色生态农业。大春种植生态水稻，小春种植油菜，全面推广使用有机肥，推广绿色防控，开展有机食品认证，推进一二三产融合发展，拓宽夯实当地农民增收致富的路子。

"我们一定会保护好这片绿水青山，让大家随时来都能看到，让子孙后代也能享受到。"何桥坤眼神坚定地说。

古生村简介

古生村有近 2000 年历史，沿海而建、伴海而居，属于大理市湾桥镇中庄村委会，东临洱海，西至大丽路，村域面积 140.5 公顷，村庄占地 28.03 公顷。下辖 5 个村民小组，设 1 个党支部、5 个党小组，共有正式党员 66 名。全村共有 439 户 1842 人。

2014 年，古生村有幸被列入第三批中国传统村落名录。2020 年，大理州入选全国传统村落集中连片保护利用示范州。

村经济以优质米、烤烟、常规蔬菜种植和外出务工为主，交通便利，从大理市区驾车约 50 分钟便能到达，也可以乘坐乡村公交专线到达。村中不仅可以欣赏千年白族古村落风貌、品尝特色白族美食，还可以漫步生态廊道近距离欣赏洱海风光。

2021 年 7 月古生村党支部被评为"全国先进基层党组织"。2022 年，古生村人均纯收入达 15875 元，较 2012 年增长近两倍。

相关链接

《习近平著作选读》第1卷，人民出版社2023年版，第41页。

《中国农业大学古生村科技小院探索农业高质量发展——洱海更清乡村兴》，《人民日报》2023年2月3日。

三江源：心怀『国之大者』

守护『中华水塔』

要牢固树立绿水青山就是金山银山理念，切实保护好地球第三极生态。要把三江源保护作为青海生态文明建设的重中之重，承担好维护生态安全、保护三江源、保护"中华水塔"的重大使命。

又到高原吐绿时。

青海的夏，美不胜收：沱沱河畔、青藏路旁，藏羚羊群在保护队员和来往车流的"注视礼"间"安心"迁徙，长江水滋养着生物种群不断繁衍壮大；牛头碑下、鄂陵湖边，举目一派水草丰美，"黄河源头千湖县"玛多的湖泊数已达5050个，创历史新高；杂多县昂赛乡澜沧江大峡谷，放下牧鞭的牧民们转型生态管护员，"邂逅"雪豹已是寻常……

青海三江源地区是三江源头、素有"中华水塔"之称，长江、黄河、澜沧江川流不息，滋养了伟大民族的灿烂文明。三江源生态保护，被赋予了"国之大者"的重要使命。

2023年是三江源国家级自然保护区设立20周年。从三江源生态保护和建设一期、二期工程先后实施，有效遏制扭转了江河源头生态退化的严峻形势；到三江源国家级自然保护区从无到有地建设起一整套保护体系；再到作为我国首个国家公园试点的三江源国家公园首批顺利设园，完成了国家公园"一块牌子管到底"的历史性变革，实现了生态治理水平向更高层次迈进……廿载巨变，三江源见证了我国生态文明建设的辉煌历程，堪称一本美丽中国的"教科书"。

行走巡护在大江大河，三江源地区各族干部群众用辛勤汗水、改革勇气、创新智慧诠释出：江源风光美，比风光更美的是人。在多年持续努力下，据统计，从2016年到2020年，青海三江源地区向下游输送水量年均增加近百亿立方米。大江奔流、长河滔滔，象征着我们伟大民族生生不息、国运昌隆，是传唱在高原大地的恢弘史诗、时代交响。

2016年8月23日，在青海省生态环境监测中心，习近平总书记听取了全省生态文明建设总体情况和三江源地区生态保护及国家公园体制试点工作情况介绍，通过远程视频察看黄河源头鄂陵湖—扎陵湖、昂赛澜沧江大峡谷、昆仑山玉珠峰南坡、青藏铁路五道梁北大桥等点位实时监测情况，并分别同玛多县黄河源头鄂陵湖—扎陵湖、杂多县昂赛澜沧江大峡谷两个监测点位的基层干部、管护员进行视频交流。

2021年6月，习近平总书记再次到青海考察时强调，保护好青海生态环境，是"国之大者"。要牢固树立绿水青山就是金山银山理念，切实保护好地球第三极生态。要把三江源保护作为青海生态文明建设的重中之重，承担好维护生态安全、保护三江源、保护"中华水塔"的重大使命。

从曾经"守着源头没水喝"到铁腕治理，再到国家公园体制试点的数年探索，回头望，一些采访过的基层干部群众的身影浮现在记者的脑海中。他们和江水澎湃在一起，奔涌出人与自然美美与共、生生不息的新时代交响……

一

清晨第一缕阳光洒下，姜根迪如冰川的融水，淌出格拉丹东雪山，汇成了长江西源沱沱河。向东，与南北延伸的青藏线撞了个满怀。河与路的交点，拔地而起一座唐古拉山镇，那里是闹布桑周的故乡。

作为一名"80后"，闹布桑周是幸福的。多年前，家里的牦牛养到了150多头。望着那些牦牛，阿爸的眼神里满是欣慰。

然而，不知不觉间，反常的事发生了。闹布桑周上小学时，有一次去沱沱河对岸走亲戚，可一下水，最深的地方才淹到他肚脐，"阿爸阿妈也纳闷，说以前水可没这么浅"。又过了几年，靠岸边的河床，都露出来了。

水去哪儿了？长大后，跟着阿爸去转场的闹布桑周，这才发现问题的严重："同一片'夏窝子'，过去产的草能养活三四百头牦牛，可现在连100头牛都喂不饱。"

长期过度放牧造成的生态退化，同样发生在位于黄河源头的青海玛多县，而其过程更加"跌宕"：20世纪80年代初，玛多坐拥扎陵湖、鄂陵湖两座"巨型水库"，还有千湖湿地，水草丰美，牛羊数量一度有75万头。然而，黄河源头那珍贵的生态家底，就在这经年累月的盲目发展间被消耗蚕食。

让我们把时针拨到1999年。刚刚大学毕业的马贵被分配到玛多县畜牧局工作。头一次下乡，眼前的场景让他震惊："从县城开车去鄂陵湖，路两旁的草原斑秃得已经'千疮百孔'。赶上了刮风沙，沙子打到脸上，像刀割一样疼！"

由于多年无序放牧等因素，玛多县七成草场出现退化。这个涵养了大河源头的"千湖县"，湖泊数量从峰值的4077个锐减到了 1800 个。让马贵印象最深的是，县城里的 15 口饮用水井，有 9 口都打不出水，守着源头竟然没水喝。

世纪之交，黄河源头一度出现断流。很快，国家正式启动了三江源生态保护和建设一期工程，对"中华水塔"开展人工干预、应急治理。当时各级干部和牧民群众的使命感、紧迫感，令马贵记忆犹新："拯救母亲河，是摆在所有人面前的一场只能赢不能输的决战！"

二

卡日曲之源从高原湿地点滴涌出的泉水，在下游玛多县汇聚成扎陵湖与鄂陵湖的蔚然大观。这水到鄂陵湖出口又恢复河流的形态浩浩向东，科研工作者将此地算作万里黄河的零公里起点。从这里顺流而下，一座堤坝映入眼帘，那是黄河第一水电站。

从规模看，这是典型的"小水电"。当年，玛多县山高水远、基建落后。20 世纪 90 年代这座水电站动工建成，彻底结束了玛多县的无电史。后来，随着三江源生态保护和建设一期工程正式启动，玛多县正式并入大电网，这座水电站完成历史使命，永久停运。如今，翻滚的水流吸引着鸥鸟在泄洪通道的下游成群结队，大河之水平静自在地蜿蜒东去。

黄河第一水电站的今昔，只是三江源生态保护历史大潮中的一个缩影。2004 年冬，闹布桑周再三取舍，决定把 150 多头牦牛全卖掉，剩下的家当装车。他、阿爸阿妈和 3 个妹妹，依依惜别故乡唐古拉山镇，北上可可西里，在格尔木市的移民新居最终落脚。

为了这个艰难的选择，闹布桑周没少做阿爸阿妈的工作："故土难离，可草场退化成这样，牛群再也养不活了。政府号召咱生态移民，在格尔木给咱盖了移民新村，全是崭新的房子，旁边还有学校……"

那年冬天，唐古拉山镇6个牧业村首批128户牧民自愿搬迁。千里外格尔木市的移民新居，叫作"长江源村"。

2016年8月22日，习近平总书记来到格尔木市唐古拉山镇长江源村考察。他在村委会听取该村生态移民搬迁、民族团结创建、基层组织建设等情况介绍，随后考察村容村貌，并到村民家中察看住房和生活情况。看到乡亲们衣食住行各方面条件比较好，有稳定的收入，普遍参加了基本医疗保险和养老保险，他很高兴，对他们说你们的幸福日子还长着呢。习近平总书记指出，保护三江源是党中央确定的大政策，生态移民是落实这项政策的重要措施，一定要组织实施好。

生态移民、退牧封育、以草定畜、沙化治理、种草修复、人工增雨……三江源生态保护和建设一期工程，涵盖了青海4州17县市的广袤区域。玛多县提出了"生态立县"的转型目标，原本从事畜牧专业的马贵，干起了生态保护工作，成了当地有名的种草土专家。

登上海拔4610米的牛头碑，两侧的扎陵湖、鄂陵湖尽收眼底。马贵指向扎陵湖的东北角："那就是扎陵湖乡卓让村。治理之初，当地的草场近乎完全退化，已经成了片沙地。"在当时选定的几块种草修复试验田里，卓让村条件最差，唯一的好处是离水源最近。"就从最差的试验田干起！卓让好了，玛多也就绿了！"马贵和同事们决定先啃"硬骨头"。

选育适合当地条件的草籽混播、配方施肥改善土质提高保水能力、小水喷灌多种农艺措施轮番上阵……各级部门和科研单位大力支持，马贵他们则靠科学武装的头脑与扎根泥土的双脚。"高原苦寒，每年草籽的关键生长期也就 50 天。那会儿我们几乎每周都要从县城往 100 公里外的扎陵湖边跑一趟，来回得经受近 4 个小时的砂石路颠簸，就是为了紧盯卓让村试验田草籽的长势，遇到问题对症下药。"

最终，卓让村试验田的牧草盖度超过全县平均水平 25 个百分点。以点带面、推广经验……马贵成了同事和牧民人人竖大拇指的"活地图"，"没有一座山包、一条小河是他叫不出名字的"。草原绿了，可在海拔逾 4000 米的玛多扎根 20 余载的马贵，皮肤被高原的烈日与寒风吹晒得黝黑粗糙。

至 2015 年，三江源生态保护和建设一期工程成效立竿见影：各类草地产草量提高 30%，土壤保持量增幅达 32.5%，水资源量增加近 80 亿立方米，相当于 560 个杭州西湖的水量。

三江源，重生了！

三

一路攀山，记者坐在车上感到高原反应愈发强烈。终于到了山顶，下车一看，路牌上写着：日阿东拉垭口，海拔 5002 米。别小看这座山峰，它是青海省玉树藏族自治州治多县与杂多县的县界，并且是长江流域与澜沧江流域在源头地带的重要分水岭。一山之隔的积雪融水，未来却将奔向各自的万里征途。

翻过垭口，进入杂多县。公路旁每隔一段距离，就会出现一顶半人高、水泥筑的小"帐篷"。近前一看，里面是用过的塑料瓶、塑料袋——原来是垃圾回收点。一路开往县城，这些"帐篷"一直都有，保护了环境，方便了牧民，堪称一大特色。

说起来，杂多这个位于澜沧江源头的县，曾经遭遇过"垃圾围城"。之前，县城里都没有像样的垃圾回收站，有些人就把建筑垃圾、生活垃圾丢弃在穿城而过的澜沧江两岸。久而久之，江边堆成了垃圾山。

当地想治理，这牵扯环保、水利、城管等好几个部门。县领导带着一班人开了几回现场会，才有了点眉目。当地干部感慨："多头管理、权责不清，这就叫'九龙治水'。谁都在管，谁都管不全、管不到底！"

从澜沧江源一座县城的"垃圾围城"，到偌大三江源地区的治理难题，"九龙治水"是突出问题。过去 20 多年，三江源地区陆续建立起了自然保护区、森林公园、湿地公园、地质公园、水利风景区、自然遗产地等各类各级保护地，在历史上发挥过重要作用。

然而，其中也隐藏着一些弊端。有基层干部拿出以前的三江源保护区划图，只见各类保护地星罗棋布，为了醒目，区划图被标得五颜六色，"说实话，看着这地图，我们自己都犯晕！"

2015 年底，就在三江源生态保护和建设一期工程收官之际，北京传来好消息：中央全面深化改革领导小组审议通过了三江源国家公园体制试点方案。作为全国首个试点，三江源拉开了国家公园体制改革的大幕。

青海是这样摸索的：省里成立三江源国家公园管理局，其下组建长江源、黄河源、澜沧江源 3 个园区管委会，对所涉治多、曲麻莱、玛多、杂多 4 县进行大部门制改革，将国土、环保、林业、水利等县级主管部门一体纳入管委会，整合下设为生态环境和自然资源管理局，同时将森林公安、国土执法、环境执法、草原监理、渔政执法等执法机构也整合成管委会下资源环境执法局一家。

随着澜沧江源园区管委会资源环境执法局的成立，原先分散在各个部门的职能如今"攥指成拳"，不仅有效解决了困扰当地多年的"垃圾围城"难题，而且在全县主要公路上建设起垃圾回收网络，引导牧民共同治理"白色污染"、守护一江清水。

再说回马贵，如今他也换了新身份：黄河源园区管委会生态环境和自然资源管理局副局长。"以前咱基层干部对生态保护的理解，就是管好各自的'一亩三分地'，但现在我的工作对象，是山水林田湖草沙冰这个生态整体。"新定位新感觉，马贵做了个形象的比喻，语带自豪："如果说过去是'九龙治水'，现在就是'一龙统管'，这条了不起的'龙'，就叫国家公园！"

四

喜爱户外运动和摄影的人知道，冬季是拍摄野生动物的最佳季节，没有了林草遮蔽，动物们在裸露的大地上竞相觅食，一拍一个准。

昆仑山脚、可可西里，有着笔直冲天羚羊角的藏羚羊，在覆盖荒原的薄雪上踏出点点足迹。牛头碑下，扎陵湖、鄂陵湖碧波万顷。大大小小的湿地更是错落棋布，恰如星海。据统计，涵养黄河之源的玛多县湖泊数量已增至 5849 个，创历史新高。杂多县昂赛乡澜沧江大峡谷，青藏高原珍贵物种雪豹，时不时就跑到红外监测镜头前"摆 pose"……

这一幕幕画面正被一位"超级摄影师"在"云端"定格——在三江源国家公园管理局生态大数据中心的巨幅环形屏幕前，人们看到，借助国产高分辨卫星的卫星遥感技术，这只"天眼"可以实时俯瞰整个三江源地区。不仅山川地貌尽收眼底，而且利用最先进的动态捕捉技术，野生动物的活动轨迹也可一览无余。

一种类型整合，在大部门制改革基础上，将原有 6 类 15 个保护地优化整合；一套制度治理，在全国率先出台首个国家公园地方立法，配套编制系列文件，形成"1+N"政策体系；一体系统监测，整合站点和标准，建立"天空地一体化"生态环境监测体系……通过近 6 年的探索，三江源作为我国首个试点、首批设立的国家公园，在江河奔流间见证了一个全新生态治理体系的诞生。

从 2016 年到 2020 年，青海三江源地区向下游输送水量年均增加近百亿立方米。大江奔流，长河滔滔，源头活水浩浩荡荡。2021 年 6 月，习近平总书记再次考察青海时强调，要继续推进国家公园建设，理顺管理体制，创新运行机制，加强监督管理，强化政策支持，探索更多可复制可推广经验。

而人与自然关系的重新定位，是这出交响中最具温度的乐章。

如果说举家远徙为闹布桑周的"人生三部曲"画上了第一个分号，那么转产创业就是这"三部曲"的第二部。住进整洁明亮的新砖瓦房，阿爸阿妈就近看病，3 个妹妹在家门口上学，再不用受过往风吹雨淋的游牧之苦，还享受着退牧还草补贴。然而，闹布桑周打定主意，"从草原到城市，就要活出个新样子，不能靠着退牧的补贴睡大觉"。

虽然自小只会放牧，文化水平不高，可闹布桑周敢于尝试，又是承包店面卖服装，又是考取驾照跑大车运输。"长江源村首批搬出来的移民，我是第一个考到驾照的，开车走南闯北，练出了一口流利的普通话，也交到了不少朋友。"而立之年，他又承揽工程搞建设，不仅从牧民变成了市民，更活出了人生的一番广阔天地。

随着三江源国家公园的建设，闹布桑周意想不到地迎来了"人生大戏"的"第三幕"：政府探索生态管护员制度，通过"一户一岗"的选拔，吸引更多牧民放下牧鞭、领上工资，以生态管护员的新身份为三江源生态保护出力，引导他们从昔日的草原利用者转变为生态保护者和红利共享者。

长江源村里，闹布桑周又是第一批报名。别人说他："手头的生意耽误了，城里的舒坦享不上，非要往唐古拉的山沟沟跑，就图那一个月 1800 块钱？"闹布桑周并不解释，背后吐了真心话："当年我们移民搬迁，真实体会到绿水青山真是坏不得！如今我当起生态管护员，有一份心就要出一份力，守护好家乡的山山水水，就是给咱子孙后代留下金山银山。"

今天的三江源国家公园，活跃着像闹布桑周这样的 1.7 万余名牧民生态管护员。他们有的骑摩托车，有的骑马，跋山涉水、风餐露宿，乐在其中，被誉为"江源大地最美的风景线"。生态学校、自然课堂，也在三江源地区各个州县如雨后春笋般设立起来，"保护生态从娃娃抓起"。每逢藏羚羊大规模迁徙季节，慢直播里，公路上车辆行人纷纷自觉驻足，目送着藏羚羊平安远行……前不久，年过不惑的闹布桑周又一次收拾好行囊，重返长江源、巡守唐古拉。昆仑南北，一别一回，回响着三江源的过去、现在和未来，余音袅袅、悠远不绝。

三江源简介

青海三江源地区是三江源头、素有"中华水塔"之称，长江、黄河、澜沧江川流不息，滋养了伟大民族的灿烂文明。

2016 年 8 月 22 日，习近平总书记到青海格尔木市唐古拉山镇长江源村考察。第二天，在青海省生态环境监测中心，习近平总书记听取了青海生态文明建设总体情况和三江源地区生态保护及国家公园体制试点工作情况介绍，通过远程视频察看三江源实时监测情况。

通过实施三江源生态保护和建设一期工程，三江源各类草地产草量提高 30%，土壤保持量增幅达 32.5%，水资源量增加近 80 亿立方米。2015 年底，作为全国首个试点，三江源拉开了国家公园体制改革的大幕。

2021 年 6 月，习近平总书记再次到青海考察，强调保护好青海生态环境，是"国之大者"。2021 年 10 月 12 日，我国正式设立三江源等第一批国家公园。

相关链接

《习近平在青海考察时强调　尊重自然顺应自然保护自然　坚决筑牢国家生态安全屏障》，《人民日报》2016 年 8 月 25 日。

《习近平在青海考察时强调　坚持以人民为中心深化改革开放　深入推进青藏高原生态保护和高质量发展》，《人民日报》2021 年 6 月 10 日。

蔡家崖：吕梁山绿了　红色旅游火了

我在从北京来的飞机上往下看，看到吕梁山不少地方开始见绿了，生态效益显现。在生态环境脆弱地区，要把脱贫攻坚同生态建设有机结合起来，这既是脱贫攻坚的好路子，也是生态建设的好路子。

盛夏的元宝山绿意成荫，树影婆娑，从山顶俯瞰，一处村落安静地坐落在山底。

初升太阳，照亮蔡家崖村。这里曾是抗日战争和解放战争时期中共中央晋绥分局、晋绥边区行政公署、八路军120师师部和晋绥军区司令部所在地，时称"小延安"。

吕梁精神便诞生在这片红色故地。

2017年6月21日，习近平总书记考察山西，第一站就来到山西省吕梁市兴县蔡家崖乡蔡家崖。在晋绥边区革命纪念馆，习近平总书记向革命烈士敬献花篮。他指出，要把吕梁儿女用鲜血铸就的吕梁精神用在当代，为老百姓过上幸福生活，为中华民族实现伟大复兴而奋斗。

6年来，吕梁人牢记习近平总书记殷殷嘱托，续写"对党忠诚，无私奉献，敢于斗争"的吕梁精神。如今，红色故地日子红火向前，吕梁精神融入骨血，扎根在发展的每一里路，化成这片黄土地新的发展底蕴，凝聚了新的发展力量。

迎难而上，增绿又增收

曾经的吕梁山区，植被破坏严重，到处是荒山秃岭，生态脆弱与深度贫困相互交织，而兴县又是其中的深度贫困县之一。

6年前，习近平总书记对吕梁当地的干部群众说："我在从北京来的飞机上往下看，看到吕梁山不少地方开始见绿了，生态效益显现。"习近平总书记还强调："在生态环境脆弱地区，要把脱贫攻坚同生态建设有机结合起来，这既是脱贫攻坚的好路子，也是生态建设的好路子。"

6年间，绿色渐漫山野。艰苦奋斗的基石，凝聚着吕梁人迎难而上、不畏艰险的决心和干劲。面对荒山秃岭，他们拓荒植树；面对土地贫瘠，他们开展山区小流域治理；面对缺乏产业，他们流转土地，栽下核桃、红枣、杏子等经济林，带动乡亲们增绿又增收。

而今，晋绥大地，满目葱茏，一派生机。乡村振兴的道路上，增绿与增收的双赢之路仍在不断延展。

6月的蔡家崖，鸟鸣绕青山，绿水映花红。

"以前光秃秃，现在到处都是绿油油的，漂亮得很！"今年90岁的温守慧老人，几乎每天都会拄着拐杖上晋绥边区革命纪念馆西侧的公园转转。公园里，大树下乘凉、下棋、拉家常的乡亲们一拨儿接着一拨儿，从清晨到黑夜，欢声笑语间满是幸福滋味。

穿过公园，漫步在青石板铺成的"红色一条街"，干净的街道，整齐排列的沿街店铺，往来的游客，忙碌的商贩，构成了一幅和谐喜气的画卷。"来尝尝！这些都是从元宝山上的果树摘的，自己种的。"铺子里，红枣、杏干、桃干、核桃，样样个头饱满。咬下一口杏干，清甜果香从舌尖散开，弥漫口腔。

元宝山上，桃树、杏树、核桃树遍布山头，林立成群。村里种植的这上千亩经济林，每年能为乡亲们增收20余万元，惠及90%以上的村民，成为村民们发家致富的"金元宝"。

又是一年夏日晴，这是蔡家崖村黄杏收获的繁忙季节。蔡家崖村第一书记温宝泉，指着一棵杏树告诉记者，去年这些杏树都进入盛果期了，如今光这片杏林正常年景就能收 100 万斤。

什么样的杏子最甜？哪些适合晒成杏干？哪些适合直接销售鲜果？2022 年，蔡家崖村党支部专门组织出去学习考察果品深加工技术。紧接着，蔡家崖村建起了自己的农副产品加工厂，对杏、核桃、红枣等进行深加工，打造系列品牌农副产品，提高村民收入。"村里的经济合作总社，在村居民人手一股，村集体产业发展了，大家都能享受到发展的红利。"温宝泉通过建厂发展村集体产业的目标实现了，乡亲们的腰包更鼓了，发展的信心更足了。

在杏林中行走，黄澄澄的杏子缀满枝头，果实饱满圆润，果香四溢。偶尔能碰见前来体验采摘的游客，扶老携幼，嬉戏林间。他们中有听闻已久第一次来尝鲜的，也有几乎年年来的。近年来，村党支部引导村民搞起了采摘和农家乐，观光采摘这一新型农业发展模式也成为乡亲们的增收新渠道。

"未来，我们也想依托设施农业，继续发展乡村旅游。融合区域特色文化，打造专属我们蔡家崖村的特色田园风光。不断拓宽新的增收渠道，让乡亲们的日子更甜更美。"温宝泉说。

夏日午后，山间地头，村民们正忙着修剪果树、采摘装箱。"要想这黄杏又大又甜，剪枝一刻不能偷懒。修得不好，果子就小，还影响口感。"正值黄杏上市时，大家对每一颗果实都格外上心。风来，山间掀起层层绿色波浪，携着阵阵果香飘向远方。

自立自强致富路

远方，一声汽笛长鸣，列车从青山间穿梭而来，"蔡家崖号"开进了蔡家崖人的家门口。

2018 年 6 月 21 日，习近平总书记考察山西一周年之际，蔡家崖至太原的双向对开客运列车正式开通。5 年来，"蔡家崖号"已累计开行 7200 多趟。它带着乡亲们走出大山，走向世界；带着当地的红枣、杏、核桃等土特产销往全国各地。它也为蔡家崖送来了一批又一批的游客，同时还带回了那些独在异乡的游子。

"我们这届'两委'班子平均年龄才 35 岁，以前都是在外边读书或者做生意的，阅历广、见识多，都有想法、有干劲儿。你能明显感觉到这些年轻人'想干事'的那股冲劲儿。"不仅是"干部班子"年轻，最近，蔡家崖村党支部书记温永利也切实感受到，村子里的年轻人真的变多了。

在蔡家崖村"红色一条街"的街口，村民温雪敏开设的"农家小院"生意红火，啦叨叨、羊杂碎、拉丝烙饼……吕梁风味、蔡家崖特色，应有尽有。

温雪敏是土生土长的蔡家崖人，初中毕业后，一直在外打工谋生，多年与父母妻子两地分居。"蔡家崖号"开通后，大大缩短了温雪敏回乡的时间。一趟趟归家之行，也让他注意到：列车上的外地游客越来越多，眼看着家门口的小街越来越热闹，家乡的红色旅游发展越来越好。

"在外打拼，当过厨师、开过店，工资不算低，但刨去生活成本基本上没什么盈余了。要是在家门口就挣到钱，何必漂泊在外？"2019年底，温雪敏辞去工作回乡开起了农家乐，用他的话来说，这就是最好的决定。

如今，像温雪敏一样主动回乡创业的年轻人越来越多，他们为蔡家崖不断注入新鲜血液。仅"红色一条街"，就商铺鳞次栉比，超市、饭店、照相馆、文创店、工艺品店……大大小小，特色各异，一片繁忙景象。

不久前，"蔡家崖号"迎来了它的5岁生日。如今，除了火车外，兴县人经高速公路去太原、离石区只用两个小时。吕梁机场距离蔡家崖仅90分钟的高速路程，不少外地游客选择乘飞机到吕梁，再自驾前往蔡家崖。

航班、列车、高速，一条条通往外界的致富路，助推蔡家崖村驶入发展红色旅游的快车道，也将当地百姓的幸福感紧密相连，百姓愈发有信心投入到蔡家崖村的旅游事业当中。

"现在是四通八达，哪里都能去。今年10月，北山互通路也要通车了。有了火车，通了高速，修了新路，我们村现在还被规划到了新城范围，县城的免费公交车直通到村口，坐车到县城只需20多分钟。县医院、党校、学校也都建到了我们附近，这以后哪还愁没有客源。"现在，温雪敏通过购票软件查看余票数量，就能大致估算出当天需要准备多少食材，"今年收入还不错，人也越来越多，我相信我们的日子会越来越好"。

吃上"红色旅游饭"

站在山坡，俯瞰蔡家崖村全景。蔚汾河静静流淌，公路宛若山舞银蛇环绕村落，庄严肃穆的晋绥边区革命纪念馆居中坐落。

这座由几十孔窑洞组成的纪念馆，蕴藏着数不清的红色故事。抗日战争和解放战争时期，晋绥边区行政公署和晋绥军区就设在这里。

6年前，习近平总书记到山西考察的第一站，就是晋绥边区革命纪念馆。

如今，它已是蔡家崖村的"金字招牌"。纪念馆门口，一辆辆大巴车满满当当、整齐停放，几乎每个来到蔡家崖村的游客都会走进这里。

"在晋北的洪涛山下桑干河边，长眠着一位华侨抗日女英雄。抗日战争时期，她驰骋雁北、骁勇善战，是晋绥边区威震敌胆的双枪女将。她就是巾帼英雄李林……"

纪念馆内，讲解员康彦红动情地讲述着抗日女英雄李林的英雄事迹。

康彦红是晋绥边区革命纪念馆内的资深讲解员，在这个岗位上已经工作了19年。

2017年，习近平总书记来到兴县晋绥边区革命纪念馆时，她全程为总书记讲解。"那天，习近平总书记说，我们党的每一段革命历史，都是一部理想信念的生动教材。"

作为讲解员，康彦红常常被一些来参观的客人感动，也尝试用多种方式传播吕梁精神。

有位 90 多岁的老人，曾是晋绥军区司令部警卫员，1948 年随大军南下。有一年，老人带着一大家子从四川赶来"寻根"。那天，她推着坐在轮椅上的老人，一路看，一路讲，也在倾听老人的故事。当看到司令部院里那棵老柳树时，老人家激动起来："就是它！就是这棵树，我在的时候它就在！它还在！"老人抬起手，颤颤巍巍地想要站起来抚摸那棵老柳树，就像在与思念已久的战友问好。

这一幕，让康彦红感动流泪。她说，要讲好红色故事，让那些历史资料活起来，让更多人感受吕梁精神，走近晋绥革命历史，也为村里的红色旅游发展添一份力。

除了现场带领游客走进历史长河，在社交平台上，康彦红还开通了视频账号，讲解晋绥边区的革命历史。这是康彦红的新尝试，她希望能用这种方式，让更多人了解吕梁山上的红色故事。

作为一名网络新手，做一条视频对康彦红来说并不简单。

查证资料、写稿、录制、剪辑，全流程下来，往往需要花上一周多的时间。虽然耗时很长、困难不少，但康彦红却依然乐在其中："当下，大家获取知识的习惯正在发生改变。如果新的形式能让更多人了解吕梁精神，了解晋绥革命历史，我觉得很值得花时间和精力去做。"

线下线上不断创新，功夫不负有心人，不少游客开始通过康彦红的视频来到晋绥边区革命纪念馆拍照打卡。

2022 年末，蔡家崖晋绥文化景区被评定为国家 4A 级旅游景区。

听闻这个消息后，温雪敏第一时间翻出家里的油漆桶，重新粉刷"农家小院"墙面。小院贴上了新窗花，温雪敏还制作了新的菜单，菜品也从原来的 100 道增加到了 120 道，打造一家有特色的农家小院是他今年的目标，"村里的发展变化，让我们在家待得踏实，也让我们有了不断向前奔跑的勇气，想把生活过得越来越好"。

"太好了，咱们村要更热闹了！总书记来之前，我都没在咱村里见过旅游大巴。现在，天天都热闹！"温矮云在村里经营着一家豆腐摊。纯手工的豆腐，一斤两块钱，一盆一百斤，豆子的清香老远就能闻到，"咱也没想过还能吃上这旅游饭。现在来一辆大巴，半盆就没啦！"

目前，蔡家崖村半数以上的劳动力都在从事与红色旅游相关的产业，红色文化旅游产业正在逐步成为当地经济的重要增长极。

旅游业带来的收入，实实在在地改善着当地民生。基础设施不断完善，村里建起的 300 千瓦光伏电站，每年能给集体带来 10 多万元的收入；村集体还拿出资金给全体村民代缴医保费用，全村村民医保参保率达 100%，解决了村民因病返贫的后顾之忧；村里还设了多个公益岗位；村级卫生所服务也更加高效，村医每天在岗，方便群众就诊，村民看病难问题得到解决。而游客的增多，也为当地的绿色农产品和手工制品打开了销路。

在蔡家崖村，变化看得见，幸福摸得着。面向未来，温永利信心十足："最近几年蔡家崖最可喜的变化不单是名气大了，更重要的是大家有动力了，想发展，愿意绞尽脑汁搞发展。大家相信只要努力奋斗，不断创新，日子便会越来越好。"

唱响奋进新歌

环境美了，经济活了，路子宽了，更新快了，蔡家崖村宛若新芽破土，发展节节高。

蔡家崖村是整个吕梁蝶变的缩影，一个个蜕变故事，生动讲述着吕梁精神的当代价值。

今天，在习近平新时代中国特色社会主义思想指引下，吕梁人民正用自己的智慧和双手，续写吕梁精神的当代注脚，在这片黄土地上升腾起更多希望与力量。

如今的吕梁大地，千沟万壑皆被绿意包裹，宛若蜿蜒的"绿色长城"。葱翠的山林将黄沙漫漫变为云海腾腾。泥不再下山，水不再出沟，干旱少雨的气候成为过去式，"天街小雨润如酥"的景象也不再仅存于想象之中。山如黛染，水似碧玉，白鹭、黑鹳等一大批候鸟在吕梁山上安了家。

"过去一到夏天，河里蚊子苍蝇成群嗡嗡叫，路过这还得捂住鼻子躲着走，现在河水清了，小鱼小虾也游回来了，没事儿还能在河边纳个凉。"文水县裴会村的吴大爷怎么也没有想到，从自家门口流过的磁窑河能告别"黑臭",重现清澈。

作为典型的资源型城市,"一煤独大"曾是吕梁的主要产业格局。而今,高质量发展变成了吕梁产业发展的新旋律。

一节节的运输带上,汽车零件被工人与智能机器装配、检测、改制……氢燃料商用车整车生产车间内,曾经拉煤的大排量柴油重型卡车在这里脱"碳"换骨,变成标载版49吨氢燃料卡车。长期"兴于煤、困于煤"的吕梁正将氢能产业作为战略性新兴产业的主要抓手,大力发展清洁能源。近年来,吕梁市空气质量已在汾渭平原11城中排名第一。家住离石区的张大爷,也爱上了散步,"以往老年人一年到头,因哮喘要跑好几趟医院,现在,空气好了,哮喘也好了"。

"不仅是空气好,现在生活也真方便。俺们还有个'吕梁通',坐公交、办手续、买口罩、看病……'嘀'一下,手机啥都能搞定。"张大爷介绍,当初为了赶上变化,报了老年学习班,学习如何使用智能手机,"现在来看,这班报得可真值。"

"人说山西好风光,地肥水美五谷香。左手一指太行山,右手一指是吕梁……"曾经一首《人说山西好风光》让多少人对吕梁心驰神往。

黄土地上四季轮回,如今的吕梁风光更胜。历史的回音与当代的注脚,共同续写着吕梁精神的新篇章,化成奋斗路上的不竭动力。日出东方,吕梁市中心的世纪广场,初升的太阳跃出林立的高楼。日光洒向这片红色故地,孕育着生生不息的希望,在新时代新征程蒸蒸日上。

蔡家崖简介

被称为"小延安"的蔡家崖村曾是晋绥边区政府及晋绥军区司令部所在地。革命战争年代，晋绥边区肩负着保卫延安、屏障陕甘的重任，吕梁儿女用鲜血和生命铸就了伟大的吕梁精神。

吕梁山区曾是全国 14 个集中连片特困地区之一，是典型的生态贫弱区。山荒岭秃、地形破碎、土壤贫瘠、沙尘漫天，深度贫困与生态脆弱相互交织、互为因果。

蔡家崖人均收入低、生活质量差，是吕梁地区贫困村的典型代表。

"吕梁我是第一次来，我心里一直向往着晋绥根据地。"2017年 6 月 21 日，习近平总书记到吕梁考察，下飞机后驱车近两个小时来到蔡家崖，向晋绥边区革命烈士敬献花篮。在晋绥军区司令部旧址，习近平总书记指出，要弘扬吕梁精神，为老百姓过上幸福生活、为中华民族伟大复兴奋斗。

6 年过去，蔡家崖续写着吕梁精神的新活力。昔日的"红色故地"如今映出了"绿色底色"。上千亩的经济林，增绿又增收。曾经长期靠天吃饭的蔡家崖村，如今吃上了"红色旅游饭"。在蔡家崖村，变化看得见，幸福摸得着。乡村振兴的新起点上，蔡家崖村正在聚势蝶变。

相关链接

《山西吕梁市兴县蔡家崖村原第一书记石坚：总书记嘱咐我们"真正沉下去"》，《人民日报》2020 年 8 月 14 日。

《山西交出"吕梁答卷"：生态生计并重　增收增绿双赢》，中国经济网 2020 年 8 月 10 日，http://district.ce.cn/zg/202008/10/t20200810_35490695.shtml.

梨树：科技创新　护佑黑土地

　　要加强农业与科技融合，加强农业科技创新，科研人员要把论文写在大地上，让农民用最好的技术种出最好的粮食。要认真总结和推广梨树模式，采取有效措施切实把黑土地这个"耕地中的大熊猫"保护好、利用好，使之永远造福人民。

6月的吉林，绿色奔涌。

时为夏至，走进梨树县国家百万亩绿色食品原料（玉米）标准化生产基地核心示范区，齐整的玉米苗亭亭玉立，极目远眺，湛蓝的天空下，大地无垠，翠海无边。

这里，有厚重的足迹，也有难忘的记忆。

2020年7月22日下午，习近平总书记到核心示范区地块，察看黑土地实验样品和玉米优良品种展示，了解农业科技研发利用、黑土地保护情况。

总书记在这里强调，农业现代化，关键是农业科技现代化。要加强农业与科技融合，加强农业科技创新，科研人员要把论文写在大地上，让农民用最好的技术种出最好的粮食。要认真总结和推广梨树模式，采取有效措施切实把黑土地这个"耕地中的大熊猫"保护好、利用好，使之永远造福人民。

接着，习近平总书记来到卢伟农机农民专业合作社，调研合作社生产经营情况。听社员们说，每公顷土地年纯收入可达到万元以上，总书记十分高兴。

总书记说，农民专业合作社是市场经济条件下发展适度规模经营、发展现代农业的有效组织形式，有利于提高农业科技水平、提高农民科技文化素质、提高农业综合经营效益。要积极扶持家庭农场、农民合作社等新型农业经营主体，鼓励各地因地制宜探索不同的专业合作社模式。总书记希望乡亲们再接再厉，把合作社办得更加红火。

习近平总书记的肯定和鼓励,让梨树人坚定了信心。

3 年来,梨树人民不负总书记殷殷嘱托,黑土地保护利用有了新成效,农业与科技融合有了新进展,农民专业合作社发展有了更高级的形式,农业发展之路越走越踏实,越走越宽广。

把科研和论文做在黑土地上

在一块方方正正的试验田里,黑土地保护专家李保国教授稍显吃力地蹲下身子,抓起一把黑土,看了看成色,用手捻了一捻,靠近鼻子闻了闻。他身边的学生,也有样学样,综合教授给出的结论,把形成的观测数据输入笔记本电脑。

年近六旬的李保国教授是中国农业大学土地科学与技术学院院长,在梨树县扎根搞科研 10 余载,是"梨树模式"的主要创造者之一。用教授自己的话讲,农民把他当专家,学生把他当老师,但他自己不能飘,一定要当好一个脚在地头、心有沃野的农民,一个躬亲示范的师长,所以,干他这行闲不得也懒不得。

悠悠万事,吃饭为大。一粒种子、一把麦子、一捧稻子、一株玉米……对于粮食安全,习近平总书记始终惦念于心,有一份特别的牵挂。

李保国告诉记者:"来梨树考察调研那天,总书记说,2018年他在黑龙江建三江看了水稻,这次来看看玉米。"习近平总书记特别强调,粮食是基础,吉林要把保障粮食安全放在突出位置,毫不放松抓好粮食生产，加快转变农业发展方式，在探索现代农业发展道路上创造更多经验。

耕地是粮食生产的命根子。考察当天，李保国指着挖开的黑土层剖面告诉总书记，梨树的黑土层原先至少有 60 厘米厚，自清代末年开垦以来，加上风蚀水蚀，每年要减少 3 毫米左右。

当李保国介绍到这里时，习近平总书记说，100 多年了，如果不采取有效措施，再过几十年，黑土恐怕就要消失殆尽了。

李保国告诉总书记："我们想了个办法，让玉米秸秆还田，就像给黑土地盖了一层被子，不仅可以防止风蚀水蚀，起到抗旱保墒作用，秸秆腐烂后还可以增加土壤有机质。土质松软，玉米根系扎得更深了，还能抗倒伏。"

这就是保护黑土的"梨树模式"。当时，梨树县已经推广 200 万亩，吉林全省推广了 1800 万亩，计划推广到 4000 万亩。

总书记仔细听取了"梨树模式"及推广情况后强调：东北是世界三大黑土区之一，是"黄金玉米带""大豆之乡"，黑土高产丰产同时也面临着土地肥力透支的问题。一定要采取有效措施，保护好黑土地这一"耕地中的大熊猫"，留给子孙后代。梨树模式值得总结和推广。

"习近平总书记再三叮嘱我们，农业现代化关键要靠科技现代化，要加强农业与科技融合，加强农业基地和科研院所的合作，专家学者要把论文真正写在大地上，让农民掌握先进农业技术，用最好的技术种出最好的粮食。"几年来，李保国牢记习近平总书记的话，带领团队，扎根梨树大地，用脚和汗水书写论文。

合作社里寄厚望

在郑介的办公桌上，向阳一角，摆放着一张 12 寸照片。照片记录了习近平总书记在康平街道八里庙村卢伟农机农民专业合作社，与广大社员亲切交流的一瞬。

"那亲切温暖的场景令现场基层党员干部和群众终生难忘，总书记平易近人，他对'三农'工作了如指掌。"2020 年 7 月 22 日下午，习近平总书记考察了卢伟农机农民专业合作社，时任康平街道党工委书记郑介也在现场。

卢伟农机农民专业合作社成立于 2011 年 11 月，习近平总书记考察梨树前，这家合作社已经覆盖经营土地达 690 公顷，探索出土地流转、带地入社、全程托管、代耕土地等多种合作方式。除规模化经营外，合作社还实行全程机械化，54 台套大型农机具可以覆盖农业生产的耕、种、管、收各个环节，使农业生产效率大幅提高，农民收益大幅增加，劳动强度大幅降低。2016 年，该合作社荣获国家级农民示范社。2017 年，卢伟被评为全国农业劳动模范。

"在合作社，总书记的目光被一排现代化的农机具吸引了。"郑介回忆。作为合作社的理事长，卢伟向习近平总书记逐一介绍了农机具的功能、性能以及农业作业时的优势。

在农产品和荣誉展示室内，习近平总书记向卢伟详细询问产品销路及发展思路。

走出办公区，在宽敞整洁的合作社院内，合作社社员们向总书记围拢过来。总书记现场召开了调研会。

总书记问社员：入社后，感觉怎么样？

大家异口同声说：非常好！

社员们你一言我一语，向总书记报告入社后的收入、经营情况：社员平均年分红8000多元，逢年过节还有豆油、白面等福利；有的社员平时搞室内装修，一年收入有4万多元；有的社员说自己养了10多头牛，加上分红，一年收入有七八万元……

总书记听了社员们的介绍点赞说，厉害啊！土地流转了，大家腾出手来了，可以在合作社工作，也可以搞些副业，多渠道增加收入。这件事情，对咱们国家来讲也是非常有意义的事情。

总书记讲，你们走出了一条符合省情、县情的农业合作化道路。土地平缓，适于机械化操作，黑土地得天独厚。在这个基础上，整个农业的提高，科技水平的提高，农民素质的提高，在你们这都体现出来了，这个很好。

习近平总书记指出，农业合作社的道路怎么走，我们一直在探索。在奔向农业现代化的过程中，合作社是市场条件下农民自愿的组织形式，也是高效率、高效益的组织形式。国家会继续支持你们走好农业合作化的道路，同时要鼓励全国各地因地制宜发展合作社，探索更多专业合作社发展的路子来。

为黑土疗伤派生"梨树模式"

"总书记强调要认真总结和推广'梨树模式'，这是对科技人员最大的褒奖，也给了我们前行的动力和信心。"

2020年7月之后，"梨树模式"受到各地重视，梨树县农业技术推广总站站长王贵满越发忙碌，"每个月，都有几批来我们这参观学习的组织和单位，这是好事，跟他们交流经验，也是我们的分内事。"

"梨树模式"怎么做？王贵满化繁为简：在玉米种植过程中秸秆全部还田并覆盖在地表，将耕作次数减少到最少，田间生产环节全部实现机械化。

"秸秆覆盖、条带休耕、机械化种植，一次作业即可完成清理秸秆、开沟、施肥、播种、覆土、镇压等工序，这是'梨树模式'的核心。"王贵满介绍。

2007年至今，从对黑土地保护与利用的攻关探索到打造出黑土地保护与利用的"梨树模式"，10多年来的奋斗与探索，沉淀的是梨树人的智慧与心血，为推进黑土地保护利用提供了"梨树方案"。

"以前，梨树的土质好到什么程度？那真是'捏把黑土冒油花，插根筷子能发芽'。可到了20世纪80年代，我们这儿开始用化肥，大家伙儿不再重视养地了，导致了土壤板结。板结的土地'没劲儿'，就只能再在化肥上找补。结果是，化肥越用量越大，地越种成本越高，成本上去了产量下来了，老百姓一年到头闹个白忙活，弄得大家没着没落的。"忆往昔，王贵满不堪回首。

不仅如此，到了20世纪90年代，当地部分农民以此增加种植面积，开始填沟、砍树，如此一来排水和滤水都下不去，很容易就把农田给淹了。有些地块的黑土层被风刮跑又被水冲走，薄得好像一锹就能挖到底。

黑土是世界公认的最肥沃的土壤，形成缓慢，在自然条件下形成 1 厘米厚的黑土层需要 200 年到 400 年。而梨树县所在的我国东北平原就是全球少有的黑土区之一。

王贵满是土生土长的梨树人，学的是农学，毕业后就回到梨树县从事基层农技推广工作，有着丰富的农业理论知识和实践经验，看着家乡元气大伤的黑土地，他暗自发誓要为黑土疗伤。

然而，仅靠总站的力量去推广是可望而不可即的，必须攀高枝、请外援。

此后，王贵满与同事们从中国科学院、中国农业大学等高校和科研院所请来几十位专家学者，为梨树耕地把脉。依据梨树实际，专家们研究出一套以"秸秆覆盖、机械种植、轮替休耕、规模经营"为方法的黑土地保护模式。

有了这套救土复黑的法宝，王贵满和同事们的精气神一下就回来了，干劲也更足了，他们走家串户，向农民推广新的种植技术。可是，面对祖祖辈辈传下来的耕作习惯，多数人选择以不变应万变。

为了给当地种田群众打个样，2007 年春天，梨树县高家村一块 200 余亩的低产地块成为王贵满的试验田。

到了出苗期，试验田里的玉米苗不仅壮，还齐整得和一趟线一样，从十里八村赶来的乡亲们被"惊艳"到了。到了秋收测产时，试验田又比传统种植产量高出三成，大家的热情被彻底点燃了，对好土产好粮的丰收愿景有了浓浓的期盼。

经过连续 10 年监测，梨树县黑土地保护试验地块土壤含水量增加 20% 到 40%，试验田保水能力相当于增加 40 至 50 厘米降水，减少土壤流失 80% 左右；耕层 0~20 厘米有机质含量增加 12.9%，每平方米蚯蚓的数量达 120 多条，是常规垄作的 6 倍。示范推广面积已发展到 200 余万亩，占全县耕地面积的七成。

"'梨树模式'，正是习近平总书记强调的加强农业与科技融合，加强农业科技创新的生动实践，这一模式带来了改善土地、保护环境、提高效益的综合效应。"王贵满感触颇深。

总书记的殷殷嘱托回响在梨树广袤的黑土地上。

近年来，梨树县围绕黑土地保护与利用主动破题，使"梨树模式"不断升级。2021 年，"梨树模式"研发基地玉米超高产试验田亩产达 1077 公斤，创东北地区高产纪录。2022 年，"梨树模式"在当地推广面积达 285 万亩，占全县玉米耕种面积的 89%，实现了适宜推广地块全覆盖。同年，全省 46 个县（市、区）推广保护性耕作面积达 3283 万亩，稳居全国首位。

"梨树模式"带火农民合作社

卢伟是梨树县八里庙村的种粮能手，在被高家村试验田"惊艳"之后，他主动找到王贵满寻宝问计。

2010 年，卢伟开始用新技术种植，深松整地技术、测土配方施肥技术、玉米宽窄行交替休闲种植技术等得到推广和统一应用，他发现，新技术不仅省时省力，还能提高效益、降低风险。

于是，2011年秋收之后，满载而归的卢伟以自己的名字命名，注册了农机农民专业合作社，成员从最初的6户，发展为现在的170余户。

2022年，卢伟农机农民专业合作社的种植面积已经超过700公顷，用的全是"梨树模式"。卢伟自己算了笔账，化肥大约少用20%，增产至少10%；平均1公顷地能打粮2.4万斤，节约成本超过1200元。

和卢伟一样，梨树县白山乡老山头村的董雅丽也是土生土长的庄户人，2013年，拥有多年种植、选种经验的她审时度势，成立梨树县达利农机专业合作社，带领农户抱团闯市场。2014年，为提高种植效益，她积极推广"梨树模式"种植技术，拿出自家田地用于示范，身体力行推动广大农户认可"梨树模式"。

"同传统耕作模式相比，玉米秸秆免耕种植技术不仅能解决秸秆问题，还能增加土壤的有机质含量，起到蓄水保墒、培肥地力的效果，运用这种模式长出的玉米叶片宽大、秸秆粗壮，一亩地能增产近20%……"董雅丽说，得益于"梨树模式"，2022年玉米每公顷产量达到2.3万斤左右，让农户充分尝到了保护性耕作技术带来的甜头。

在梨树县凤凰山农机农民专业合作社，其承包的百余公顷土地全部依托"梨树模式"发展经营，近年来，该社通过现代化农机和新兴农艺相结合，增产效果越来越明显。

"在保护性耕作种植理念的影响下，我们购置了多功能免耕播种机，种地更方便了，让我们保护黑土地的劲头儿更足了。"全国人大代表、凤凰山农机农民专业合作社理事长韩凤香说。

为保护好黑土地这一"耕地中的大熊猫"，2021 年，在"梨树模式"升级版的加持下，凤凰山农机农民专业合作社先行先试，开拓发展肉牛产业。秸秆喂牛，牛粪还田，减少化肥使用，促进土壤有机质成分增多……如今，该合作社产出的牛越来越壮，地也越来越肥，绿色农产品出村入市不再是梦。

"我想告诉总书记，现在黑土地上的秸秆'变成肉'了，老百姓的日子越来越红火，我们的饭碗端得更牢了！"韩凤香满怀憧憬。

"梧桐树"和"金土地"

"我常跟贵满（指王贵满）说，我们的目标还是要开展高质量的黑土地保护工作，把'梨树模式'进行高质量推广。"在李保国教授看来，"梨树模式"并非一成不变，而是在不断优化升级过程中推广和应用。而支撑这一模式完善、升级的支点，是科技与人才。

今年 26 岁的研究生孙承常，是李保国教授的科研助理，在梨树工作已经 3 年，主要工作就是为农业合作社进行技术指导和技术推广。

即将进入中国农业大学博士三年级阶段的张帅，同样来梨树已有 3 年，她的课题就是耕地保育。通过走基层，包括张帅在内的这些年轻人发现一些问题，就会直接提出来，并对合作社进行科学指导。"我们就是要直插到基层，直接插入到合作社，介绍讲解新的技术理念。"

近年来，通过"校地融合"，推进"科技入田"，梨树县吸引了来自各大高校、科研机构的研究生导师及博士硕士研究生近200人，让"梨树模式"不断得到优化和提升。

"梨树模式"的支撑力量不仅来自各大高校和科研机构，用王贵满的话说，"一站一田"是支撑"梨树模式"的"梧桐树"和"金土地"。

"一站"是指中国农业大学吉林梨树实验站。实验站发挥了吸引和集聚人才的关键作用，科研团队人数从最初的40人发展到130人，对近几年"梨树模式"的推广、应用、完善作用巨大。

"一田"就是高家村的200余亩试验田，那里浓缩了十几年的黑土地保护研究成果。在这片试验田里，还有很多人与张帅和孙承常一样，常年往返于学校与田间，致力于黑土地保护研究，同时将研究成果进行生产实践上的转化。

在2023年五四青年节期间，习近平总书记给中国农业大学科技小院的同学们回信，提出殷切期望，并向全国广大青年致以节日的祝贺。

总书记的回信，让张帅和孙承常异常兴奋："总书记在回信中说，走进乡土中国深处，才深刻理解什么是实事求是、怎么去联系群众，青年人就要'自找苦吃'，说得很好。新时代中国青年就应该有这股精气神。虽然说我们这里不是科技小院，但我们的使命是一样的，那就是不负青春韶华，推进我国农业农村现代化，并把黑土地这个'耕地中的大熊猫'保护好、利用好，使之永远造福人民。"

梨树县简介

梨树县位于吉林省西南部，地处"三大黑土带"和"黄金玉米带"，东辽河、招苏台河横贯全境，有耕地 393.8 万亩、人口 74.2 万，其中农业人口 54.9 万。该县常年粮食总产量稳定在 40 亿斤以上，粮食单产全国第一、粮食总产全国第四，素有"东北粮仓"和"松辽明珠"之美誉。2007 年起，梨树县实施以"秸秆覆盖、条带休耕"为主要内容的保护性耕作，探索并形成了粮食增产和黑土地保护利用叠加效应的"梨树模式"。

党的十八大以来，梨树县先后被国家各部委确定为"国家级农业现代化示范区""国家级美丽乡村重点县""国家农业绿色发展先行区""全国农村改革试验区""全国农业科技现代化先行县"。

2020 年 7 月 22 日，习近平总书记赴吉林考察，第一站就来到了梨树县，详细了解粮食生产、黑土地保护、合作社生产经营发展等情况，并作出了"保护好黑土地这一'耕地中的大熊猫'""深入总结'梨树模式'向更大面积推广""因地制宜发展农民专业合作社"的重要指示，为梨树现代农业发展指明了前进方向、提供了根本遵循，激励着梨树广大干部群众向着建设农业强县目标砥砺前行。

相关链接

《习近平在吉林考察时强调　坚持新发展理念深入实施东北振兴战略　加快推动新时代吉林全面振兴全方位振兴》,《人民日报》2020 年 7 月 25 日。

《总书记访"粮"记》,中国共产党新闻网 2020 年 7 月 27 日,http://cpc.people.com.cn/n1/2020/0727/c164113-31798461.html.

《充满希望的田野　大有可为的热土——习近平总书记考察吉林纪实》,新华网 2020 年 7 月 26 日,http://www.xinhuanet.com/politics/leaders/2020-07/26/c_1126285626.htm.

东营：大河之洲　和谐共生

扎实推进黄河大保护，确保黄河安澜，是治国理政的大事。要强化综合性防洪减灾体系建设，加强水生态空间管控，提升水旱灾害应急处置能力，确保黄河沿岸安全。

当蜿蜒 5464 公里的黄河东归渤海时，顿失晋陕大峡谷时的咆哮汹涌，以俯冲之姿跃入大海，幻化成一个个跃动的黄色音符，与蓝色海洋共同奏响一曲河海交响乐。

　　初夏时节，山东东营黄河三角洲自然保护区，黄河入海口安澜码头，一批批游客正有序登船，准备驶往 20 公里外的河海交汇处，一睹"黄河入海流"的壮美。

　　2021 年 10 月 20 日下午，时值深秋，正是在安澜码头，到东营考察黄河流域生态保护和高质量发展的习近平总书记凭栏远眺，察看河道水情。

　　当年 7 月下旬开始，黄河流域部分地方遭受罕见洪涝灾害。总书记考察当天，黄河入海口水流量达到每秒 4350 立方米，河面宽度 350 米左右，水深 4.9 米。洪水虽已退回主河槽，但从主河槽到码头绿化带 10 多米的"过界"痕迹还很清晰。

　　黄河河口管理局党组书记、局长裴明胜清楚记得："总书记观察得非常仔细，刚走上码头栈道，就指着绿化带的方向问，这是不是前段时间水位最高时的水边线？"裴明胜回答："是的，这就是 10 月 8 日漫滩时的水边线。"

　　听到东营超前制订防汛预案，及时启动应急防汛三级响应，扎实做好度汛准备工作，虽然"有惊有险"，但没有出现重大损失和人员伤亡，总书记满意地点了点头。

　　"总书记很关心黄河防汛工作，询问了很多防汛细节，水位多高、流量多少，每一个细节都不放过，都详细询问，可见黄河安澜在他心中的分量。"裴明胜回忆。在码头上，手持展板，裴明胜向总书记汇报了黄河入海口的径流量、输沙量等情况。

驻足凝视滔滔河水，习近平总书记深情地说："我一直很关心黄河流域生态保护和高质量发展，今天来到这里，黄河上中下游沿线就都走到了。"

总书记随后叮嘱，扎实推进黄河大保护，确保黄河安澜，是治国理政的大事。要强化综合性防洪减灾体系建设，加强水生态空间管控，提升水旱灾害应急处置能力，确保黄河沿岸安全。

黄河宁，天下平。

党的十八大以来，习近平总书记多次实地考察黄河流域，足迹遍布上中下游沿线，亲自擘画、亲自部署黄河生态保护和高质量发展国家战略。

结束东营考察的第二天，2021年10月22日，习近平总书记在济南主持召开深入推动黄河流域生态保护和高质量发展座谈会并发表重要讲话。他强调，要科学分析当前黄河流域生态保护和高质量发展形势，把握好推动黄河流域生态保护和高质量发展的重大问题，咬定目标、脚踏实地，埋头苦干、久久为功，确保"十四五"时期黄河流域生态保护和高质量发展取得明显成效，为黄河永远造福中华民族而不懈奋斗。

夏季的黄河三角洲保护区，五彩斑斓，湛蓝天空下，黄河水滚滚滔滔，湿地上草木丰茂、绿意盎然，人们在这里感受大河奔流、河海相拥，感受鸥鸟飞驻、鱼翔浅底，大河之洲，气象万千。

大河奔流　血脉相连

"九曲黄河万里沙，浪淘风簸自天涯。"1855年，黄河夺大清河在东营入渤海，河水携带大量泥沙造就了美丽的黄河三角洲。1992年，黄河三角洲国家级自然保护区建立，这里拥有世界上暖温带保存最广阔、最完善、最年轻的湿地生态系统。

2021年10月20日至21日，习近平总书记到东营考察，第一站就选择了黄河三角洲自然保护区。

讲解员孙彬酌大学毕业后到保护区工作，从小在此地长大的他熟悉保护区的一草一木。孙彬酌告诉记者，习近平总书记到保护区时正是一年中最美的季节，大片芦苇成熟后呈现出"芦花飞雪"景观，海滩上一望无际的盐地碱蓬由绿变红，状如红毯迎宾。当时还是鸟类迁徙季节，各种涉禽、游禽栖息繁殖，野趣盎然。

在保护区，习近平总书记实地察看了湿地修复区、黄河故道人工柳林、码头和黄河三角洲生态监测中心。

沿着木栈道，总书记步入黄河故道人工柳林。这里是1996年黄河人工改道前的故道，如今经过生态补水和修复，黄河三角洲特有的怪柳、杞柳、旱柳等近距离呈现在人们面前，漫步其间，不经意就会与禽鸟邂逅，芦苇荡里不时传出孔雀的叫声。这里的许多植物在黄河上中游都能找到原型，大河奔流，血脉相连。

听取黄河口国家公园规划、保护区总体情况和植被演替情况汇报后，习近平总书记说，黄河三角洲自然保护区生态地位十分重要，要抓紧谋划创建黄河口国家公园，科学论证，扎实推进。

如今，规划范围3517.99平方公里的黄河口国家公园已进入报批阶段，是今年国家重点创建的12个国家公园之一。连同首批设立的三江源国家公园，一头一尾，黄河全流域生态保护整体格局完善成型。

建在岸边的黄河三角洲生态监测中心，负责对三角洲的生态环境、生物多样性进行实时监测，实现生态预警、科学评估。通过大屏，总书记了解了黄河入海流路变迁情况、黄河三角洲变化情况、黄河来水来沙及保护区生物多样性情况，并观看了当日河海交汇实时画面。

黄河三角洲保护区是以保护珍稀濒危鸟类和新生湿地为主的湿地类保护区，如今，鸟类已由建区时的187种增加到373种，其中，国家一级保护鸟类26种、二级保护鸟类65种，是东亚—澳大利西亚和环西太平洋两条迁徙路线的重要中转站、越冬地和繁殖地，被誉为"鸟类的国际机场"。

面对面向总书记介绍情况，黄河三角洲生态监测中心主任刘静能感受到，总书记非常关注保护区的生物多样性工作。"当汇报到国家一级保护鸟类东方白鹳时，总书记问，东方白鹳是一夫一妻制吗？看到我们为东方白鹳搭建的人工招引巢时，总书记说，这是你们为东方白鹳打造的安居工程啊！"

听完汇报，习近平总书记肯定了保护区的工作，夸赞工作很有成效，说明党的十八大以来提出的生态文明理念入脑入心了，大家认识统一了，也行动起来了。

"这两年我们按照总书记的嘱托，开展了很多生态保护修复项目。截至目前，开展了 17 个生态修复项目，总投资 13.6 亿元，修复湿地 188 平方公里，连通水系 241 公里。"刘静说。

盐碱地综合利用　转变育种观念

由于土壤含盐量高，地下水位高且矿化度高，土壤瘠薄，在东营，人们常说，"养活一棵树，比养活一个孩子还难"。

山东省农科院黄河三角洲现代农业研究院院长贾曦 2015 年刚到东营时，看到的景象是，部分地块"小麦一根香，种子不分蘖"。"小麦长得和一根香一样高，一根独秆上顶着三四粒麦粒，连麦种都不够，播种量很大，产量却很低。"

研究院所在的东营市黄河三角洲农业高新技术产业示范区，2015 年建设前是一家国有农场，种植玉米、小麦等作物，由于地力差，农场常年广种薄收。到东营当年，贾曦他们在试验地部分地块上种植小麦，一亩地播种 40 斤，产出仅 170 斤。

贾曦告诉记者，对于盐碱地研究，很长一段时间内没有"以种适地"的概念，主导思路是土壤改良，从事盐碱地研究的大多是土壤类专家，主要是降盐配肥，改良后容易反复，效果很不稳定。

在以"改"为主理念指引下，作物育种的科研人员未把耐盐碱作为品种选育指标，相关科研项目也很少，从 1993 年底黄淮海科技大会战结束到 2013 年，长期缺乏国家级重大科研项目支持。

而且，耐盐碱作物大多是"小众作物"，从业人员少，团队规模小，很多作物的基因图谱和功能都不清楚，现代化分子育种手段很难用上，这就造成育种进度慢、耐盐碱作物品种少。

2021年10月21日上午，习近平总书记来到黄河三角洲农业高新技术产业示范区，走进盐碱地现代农业试验示范基地。深秋时节，试验田里只剩下大豆、藜麦等少数几种作物，小麦刚刚播种。

总书记走进田间，仔细察看了大豆、苜蓿、藜麦、绿肥长势，详细询问盐碱地生态保护和综合利用、耐盐碱植物育种和推广情况。

"总书记在田间察看的大豆品种，是我们院选育的齐黄34。这个品种适用性很广，一般大豆品种只能跨一个纬度种植，这个品种能跨20个纬度，品种权转让时卖了1800多万元。"贾曦说。

考察期间，习近平总书记强调，开展盐碱地综合利用对保障国家粮食安全、端牢中国饭碗具有重要战略意义，并叮嘱要加强种质资源、耕地保护和利用等基础性研究，转变育种观念，由治理盐碱地适应作物向选育耐盐碱植物适应盐碱地转变，挖掘盐碱地开发利用潜力，努力在关键核心技术和重要创新领域取得突破，将科研成果加快转化为现实生产力。

思路转变至关重要。贾曦明显感到："这几年大家对盐碱地重视程度越来越高，对耐盐碱育种的重视程度提到了前所未有的高度。"这不是贾曦第一次近距离聆听习近平总书记的指示。

2013年11月27日，总书记到山东省农科院考察科技创新促进农业发展情况时，贾曦是院玉米所副所长。他说，总书记在省农科院作出的"给农业插上科技翅膀"的重要指示，不断激励农业科技工作者把论文书写在大地上。

8年后，再次聆听总书记的指示，贾曦觉得，总书记对自己的"行当"十分重视，也十分熟悉，"今年总书记到河北黄骅考察了旱碱麦，到内蒙古考察了盐碱沙荒地改良改造和综合利用，又有了新的指示"。

如今，大量科技工作者将目光投向盐碱地育种，国家重点研发计划、山东省良种工程中的种质资源创新等主流科研计划，都有耐盐碱品种选育项目。"有了科研项目支持，加上育种思路的转变，促成耐盐碱育种热了起来，相信5年到10年内肯定会涌现出一大批成果。"贾曦信心十足。

2022年4月，山东省农科院启动实施"突破黄三角战略"，力争在培育耐盐碱品种、研发关键技术、提升平台支撑能力、打造产业技术模式和样板创建等方面实现重大突破，建立具有国际先进水平的盐碱地综合治理利用技术支撑体系，在盐碱地综合治理利用方面走在全国前列。

2022年以来，全院开展30余种作物的耐盐碱品种选育工作，目前筛选培育出120余个品种在黄河三角洲盐碱地区域推广应用。

5月8日，国家盐碱地综合利用技术创新中心启动运行，这是我国盐碱地方面最高级别的研发平台。

6月底，黄河三角洲农高区夏播试验基本结束，试验田里绿波荡漾，玉米、大豆、花生、谷子、甘薯、芝麻等长势喜人。尽管受后期降雨频繁影响，今年的小麦平均亩产达到 450 公斤。同一片土地上，早已不复"一根香"的惨淡。

套种、间作、轮作等适于盐碱地的现代化种植模式不断被应用。在中轻度盐碱地上，农业科技工作者研发了鲜食玉米、鲜食花生间作模式，收获的作物经济价值更高，作物秸秆做成饲料，冬季还可以再种一茬牧草，实现周年高值生产……

"运用盐碱地周年生态高值化生产模式，盐碱地万元田不是梦。"贾曦说。

黄河岸边的幸福家园

善淤、善决、善徙，黄河是世界上最难驯服的河流之一。历史上，黄河三年两决口、百年一改道，水害频繁，黄河沿岸儿女，饱受洪灾凌汛之苦。

黄河自西南而东北贯穿东营，在垦利区董集镇附近左转弯近 90 度，进入一条长达 30 公里的"窄胡同"。20 世纪 70 年代，东营市黄河原蓄滞洪区群众响应国家号召，搬迁至沿黄大堤房台上居住，形成"房台村"。

2013 年起，东营对 66 个房台村进行住房拆迁改造，建设新社区。杨庙社区建有楼房 1446 套，居住着董集镇曾经 11 个房台村的 5300 多名村民。

回忆起住在房台村的日子，前许村党支部书记许孝军说，自家老房子就曾被洪水冲走。当了村书记后，一到下雨天，顾不上自己的父母，要先去村里孤寡老人家看看房子漏不漏雨、安不安全。

每到一地，习近平总书记都会去看望当地群众，黄河滩区百姓能否安居乐业，总书记十分牵挂。

2021年10月21日上午，习近平总书记来到杨庙社区，走进便民服务中心、老年人餐厅、草编加工合作社，详细询问社区加强基层党建、开展便民服务、促进群众增收等情况。

杨庙社区党委书记张麦荣记得，总书记走进的第一个地方是便民服务中心。

听到镇里专门安排两名工作人员长期在社区办公，社区便民服务涵盖79项业务，其中32项能当场办结、47项是帮办代办，总书记称赞，这样的工作方式，是切实打通了为民服务的"最后一公里"。

时近中午，习近平总书记走进社区老年食堂，饭菜都已摆好，一些有需求的社区居民到这里吃饭，一顿饭只需一元钱。"那天是周四，一周的菜谱都写在黑板上，总书记把菜谱读了一遍后夸我们菜搭配得非常好，有荤有素，一天的营养这一顿饭就有保障了。"张麦荣回忆。

让张麦荣骄傲的是，离开前总书记对她说，我去过很多城市社区的老年餐厅，你们这里一点也不比它们差。

走进居民许建峰家，总书记察看了卧室、厨房、卫生间后，同一家三代人围坐交谈。"像亲戚串门似的拉家常。"张麦荣记得每一个细节，总书记问得很仔细，洗手有热水吗？中午做什么饭？老两口身体怎么样？买房子花了多少钱？在外务工一天挣多少钱？

看到村民生活条件好了，就业门路多了，习近平总书记指出，党中央对黄河滩区居民迁建、保证群众安居乐业高度重视。要扎实做好安居富民工作，统筹推进搬迁安置、产业就业、公共设施和社区服务体系建设，确保人民群众搬得出、稳得住、能发展、可致富。要发挥好基层党组织战斗堡垒作用，努力把社区建设成为人民群众的幸福家园。

漫步杨庙社区，步道宽阔，楼宇俨然，幸福食堂、幼儿园、超市、银行、电网服务、移动通信应有尽有，不出社区就能办理各项服务，便捷舒适的生活圈，一点不输城市社区。

张麦荣说，这两年杨庙社区在幼儿教育、就业服务、老年康养等很多方面都实现了提升，服务清单增加了不少项目，社区还引进了智慧公章，居民办事更方便了。

搬出来、稳住后，如何做到能发展、可致富？

社区外，黄河大堤一侧，前许村农民专业合作社的牌子十分醒目。集中搬进社区后，许孝军带领村民在老宅基地上建起这个合作社，现有果蔬大棚10个，种植了西红柿、网纹瓜等果蔬。2021年合作社经营性收入为42万元，2022年达到65万元。许建峰的母亲就在这里务工，加上土地流转费每月有3000元收入。

临近中午，许孝军还在合作社忙活。村民们搬进社区后，他不再为安居操心，教育、养老、安全等都由社区统一管理，他全部心思都放在"一心一意谋发展"上。

记者到访这天，正赶上村里分西瓜，又大又沙的黄河西瓜装袋放好，等待村民陆续运走。黄河水、黄河沙、黄河土，孕育出来的瓜果，格外甜。

沿黄河大堤前行不远，一片古朴村落映入眼帘。张麦荣告诉记者，这是杨庙社区党委新建的集乡村振兴培训、特色研学教育、村级产业孵化、农文旅融合发展于一体的杨庙黄河里项目，带动社区群众致富增收。

不远处，黄河水无语东流，等待着安居后的滩区儿女到此游览研学。

人与自然和谐共生

一部治河史，就是一部治国史。"治河"，是习近平总书记念念不忘的一件大事，"保护黄河是事关中华民族伟大复兴的千秋大计"。

上升为国家战略后，黄河流域生态保护和高质量发展的"四梁八柱"逐步搭建，无论是国家层面还是沿黄九省区，步伐都在加快。

2022 年 8 月，《黄河生态保护治理攻坚战行动方案》印发；两个月后的 10 月 30 日，《中华人民共和国黄河保护法》由十三届全国人大常委会第三十七次会议通过，2023 年 4 月 1 日实施。

上游重在水源涵养，中游重在水土流失治理，下游及河口重在综合治理和保护修复，各地方、各部门分工协作、共同发力，建立起上下游、左右岸、干支流协同保护治理机制。

"就黄河流域生态保护和高质量发展战略而言，生态保护在前，高质量发展在后，国家赋予黄河三角洲地区更大的职责是把生态修复好，把生态环境做好。"贾曦说。

近年来，东营农高区开展了盐碱湿地生态修复、盐碱农田生态系统构建等工作。"在生态优先理念指引下，品种选育、耕作栽培制度、农机械选择、生产方式等所有工作都要体现生态优先。"贾曦说，"农田是人类干预最大的一类生境，如果实现农田生境生态化，对整个人类的生态环境是相当大的贡献。"

6月21日，黄河小浪底水利枢纽开启3个闸门大流量下泄，2023年汛前黄河调水调沙正式启动。

"水是湿地的灵魂，如果没有水，湿地会逐渐盐碱化、退化，这几年我们很注重湿地生态补水，从前年开始改变原来粗放式的补水方式，更加科学系统，让水引得进、送得到、蓄得住，还要排得出。"刘静说。

黄河三角洲保护区观鸟乐园，趁着放飞时间，游客们争相与丹顶鹤零距离接触，在这里可以近距离观察东方白鹳、丹顶鹤、海鸥、苍鹭等鸟类。

看到李建走来，白天鹅小雪从地上站起，引颈高歌，亲近地和李建打招呼。小雪是只折翅的天鹅，2007年被驯养师李建救助，已经在保护区"休养"了16年。如今，小雪和李建都成了"网红"，游客们都会专程去看看小雪。

黄河，从巴颜喀拉山的弯曲细流，一路悦纳奔腾，润泽沿岸，以澎湃水流滋养黄河三角洲。盐碱地上，人们用智慧和奋斗不断创造着奇迹。而在人类难以到达的地方，浅海边、滩涂上，是鸟儿的乐园。

各得其所，各美其美，这就是人与自然和谐共生的美好景象。

东营简介

黄河在山东东营入渤海，河水携带大量泥沙造就了壮美的黄河三角洲，这里拥有世界上暖温带保存最广阔、最完善、最年轻的湿地生态系统。

2021 年 10 月 20 日至 21 日，习近平总书记深入东营市的黄河入海口、农业高新技术产业示范区、黄河原蓄滞洪区居民迁建社区等，实地了解黄河流域生态保护和高质量发展情况。

作为黄河入海口城市、黄河三角洲中心城市，东营立足服务和推动黄河流域生态保护和高质量发展国家战略，持续深入推进污染防治攻坚战，保护和修复湿地，全面提升生态环境保护水平。

相关链接

习近平：《在黄河流域生态保护和高质量发展座谈会上的讲话》，《求是》2019 年第 20 期。

新建村：深山冷岙印证了『两山』理念

这里是一个天然大氧吧，是"美丽经济"，印证了绿水青山就是金山银山的道理。

浙江省舟山市定海区新建村（曾为新建社区），原来是一个典型的偏僻落后海岛山村，在"千万工程"推动下改善基础设施，践行"绿水青山就是金山银山"理念，多番尝试后选择乡村旅游，发展"美丽经济"。

2015年5月25日下午，正在浙江调研的习近平总书记来到舟山市定海区干镇新建社区。在以开办农家乐为主业的村民袁其忠家里，总书记察看院落、客厅、餐厅，同一家人算客流账、收入账，随后同一家人和村民代表围坐一起促膝交谈。习近平总书记表示，这里是一个天然大氧吧，是"美丽经济"，印证了绿水青山就是金山银山的道理。

"总书记的到来，给我们鼓足了发展的劲头，我们牢记总书记嘱托，发展美丽经济，努力探索绿水青山转化为金山银山的路径，靠勤劳智慧走向共同富裕。"新建村党总支书记、村委会主任余金红说，近年来，新建村党员干部带领村民谋发展的斗志更加高昂，村民们绿色发展的信心也更加坚定。

2023年4月下旬，记者沿着总书记的民生足迹走进新建村，停靠在田野上被绿色簇拥的蒸汽火车，青砖黛瓦民居集聚的村落，潺潺流动的清澈溪水，外形修旧如旧的民宿，开在村里的咖啡馆和书店……古朴与时尚交织，不自觉地放慢了脚步，欣赏周边风景。南洞水库的堤坝上，"绿水青山就是金山银山"10个大字格外醒目。

8 年来，这个曾经偏远的海岛山村，坚持以"绿水青山就是金山银山"理念为引领，立足自身优势条件，因地制宜将"生态资源"转化为"生态资本"，"生态优势"转化为"经济优势"，走出了一条厚植生态的乡村振兴之路。

数据显示：2022 年，新建村旅游人数 41 万人次，旅游收入3600 万元，经济总收入 7350 万元，村民人均收入 45128 元。

数据背后，是村里的产业越来越丰富，越来越多的年轻人选择了回归，进一步夯实新建乡村振兴、走向共同富裕的基础。

"空心村"的不断尝试

尽管地处海岛，离海直线距离也仅 10 公里左右，但新建村民的生产、生活跟海似乎关系不大。

2004 年，新建社区由黄沙、南洞、里陈 3 个自然村合并而成。由于地处偏远、交通不便，村民们多靠外出务工和种植一些传统农作物，家庭生活普遍比较困难。

很多在外挣了钱的村民选择在定海城区或干镇上买房，时间一长，留在村里的青年人越来越少，新建成了"空心村"。

对此，新建村党总支副书记芦海峰印象深刻，且有切身体会。小时候因为去镇里上学，翻山越岭要走半小时，在上三年级时，父母在镇里买了房，他们家也搬了出去，村里的老宅子就长期空着，只是偶尔回去看看。

1999 年，外来媳妇余金红当选为村委会主任，月薪 260 元。

一方面，家里事多，收入相较以前在企业从事会计工作少得太多；另一方面，一个外来媳妇当选了村委会主任，村里也有人并不看好，风言风语不少。

余金红犹豫过，但仔细思量，既然当选了说明得到了大多数村民信任，至少不能让他们失望。

上任后，她做的第一件事就是摸清家底。新建村面积4.5平方公里，但山多地少，当时578户人家，1579人，贫困人口占了三分之一。留在村里的村民大部分靠土中刨食度日，人均年收入4600多元。村集体不仅没什么存款，相反还欠账4万多元，村干部都几个月没发工资。村里横贯东西的主干道是条土路，路面坑坑洼洼，骑自行车经常摔跤。因此，有人调侃："新建到，车子跳"。

和当时很多农村一样，新建村也是雨天一身泥，晴天一身灰，垃圾随便丢，环境"脏乱差"。

尽管摸清的家底出乎意料，但余金红没有退缩。她思忖家底弄清了，接下来就是怎么发展的事了。修路是村里发展的当务之急，要将土泥路变成宽阔的水泥路，解决村民出行难题。

于是，她请人测量做预算，有30多万元需要村里筹集，余金红大吃一惊，对于村级财政负债的新建来说，这无疑是一笔巨款。再者，村集体没有任何收入来源，钱从何来？

村民都明白要想富先修路的道理，但一听说要花那么多钱，也有人开始打退堂鼓，觉得没必要花那钱去折腾。

尽管有千难万难，但余金红并没有放弃。"如果碰到难题都退缩，那村子哪还有发展前途？"夜深人静时，她时常反问自己。

很快，她召开了村"两委"和村民大会，会议通过修路计划后，她立即着手准备材料，去定海区交通、农林等部门寻求支持。她也找到了从新建走出去的乡贤，跟他们讲新建的发展规划和当下难处。

大约花了一个月时间，余金红筹集了 20 多万元，还差 10 万元，她挨家挨户上门做工作，发动村民集资筹集到位。就这样，2000 年初，两车道宽的村主干道终于通车。走在宽敞、平整的马路上，村民连连称好。

后来，趁着"千万工程"的东风，新建村进行环境整治，大力改善基础设施。村里随处可见的垃圾不见了，蜿蜒的水泥硬化路延伸到每家每户。短短几年，这个深山冷岙不只是坐拥绿水青山，村容村貌也发生了根本性变化。

修好路，改善村居环境后，村里的质疑声没了，大伙有了新的期待，那就是怎么发家致富？

于是，如何修好另一条"强村富民"路被提上日程。答案毫无悬念，村里得有产业，村民得有挣钱的事干，问题是一个偏僻的海岛山村可以发展什么样的产业？

她了解到种马蹄笋效益好，就与村"两委"成员商量，打算村集体向村民流转几亩地，尝试发展效益农业。2003 年，备受村民关注的第一批马蹄笋采摘，由于缺乏管理经验，加之天冷雨水少，产量低得可怜，自然是亏损。

见此场景，村内质疑声又起，有村民议论：尽弄那些花里胡哨的东西，不管用。

在熟人社会的小山村，沾亲带故的多，议论自然很快传到了余金红耳中。她只是一笑了之，既不计较也不辩白。因为她心里明白，亏损是因为种植技术还不过关产量低，毕竟卖出了一部分，且市场价高达9元一斤还供不应求。

吃一堑长一智，弄清楚了问题关键所在，第二年，她着重解决技术难题，请行家里手现场指导。当年，种植马蹄笋面积扩大到60亩，亩产达1000多斤，除去各种成本，收入达20多万元。

产业喜获丰收后，那些曾在背后议论的村民再见余金红觉得很不好意思，而余金红像什么事都没发生过一样。

彼时，她又有了新的考虑，因为村里土地资源有限，仅靠种植难成气候。她想到了办服装加工厂，让村民在家门口就业的同时，实现集体经济增收。

选择了"美丽经济"

基础设施改善了，村民日子好过了，但余金红并没有满足于此。因为，她知道与"强村富民"还有很大差距。于是，她又开始琢磨，村里还有什么资源，怎么才能富起来。

新建村西面靠山，一条小溪从山涧奔涌而出，穿村而过，向东流向大海。前文提到，大部分村民选择在城里买房，而不是在村里重建设，自然，村里的老建筑保存较为完好。清晨，薄雾缭绕的村庄，素朴、幽静，宛若世外桃源。

那几年，余金红也发现周边有地方搞起了乡村游，坐拥绿水青山的新建是不是也可以发展旅游？开会时，余金红把这个想法和村"两委"成员、村民代表们说了，他们几乎不敢相信，这么偏僻的地方，村民都想跑出去，谁会来？

听到类似这样的想法，余金红并不意外，相反倒是提醒了她，再好的地方要发展旅游也得吆喝。作为海岛偏僻山村，新建村有山有水，风景尚可。关键在舟山类似山村也不少，没有特色，自然不会引起关注。

一个偶然的机会，她获悉在甘肃嘉峪关闲置了一列曾经接送"两弹一星"科研人员的功勋火车。

对于不通火车的舟山岛来说，当时很多老百姓都没见过火车，因此本来很寻常的火车成了稀罕物。如果村里引入此车，肯定会吸引远近百姓来参观。再加上，这是一列功勋火车，有教育意义，可以组织学生研学。这个效果应该不错，发愁的是怎么把火车从遥远的嘉峪关运到舟山岛上的新建村。

要知道，当时从宁波到舟山的跨海大桥还没开通，交通极其不便。但再大的困难也得克服，村里租了 20 多辆大卡车，将 8 节火车拆卸后，从塞外嘉峪关运到了宁波，再用船渡到舟山。

尽管在路上费了不少周折，2010 年，这列 230 多米长的绿皮火车，总算从万里之外的嘉峪关搬进了新建村，像条即将腾飞的巨龙静卧在绿水青山间。果不其然，这事在当地引起了轰动，参观的人接踵而至。

功勋火车带来了客流量，但光这个还远远不够。

早在 2009 年，余金红经人介绍，认识一位艺术高校教授。那位教授了解到很多学校美术专业学生都需要找地方采风、写生。

那位教授到新建村一看，发现村里环境优美，离海边也不远，觉得完全符合学校要求。

于是，没多久，村里迎来了一批批学生，他们在村里参观、涂鸦。

村里有了人气，怎么能让游客来了能留下来消费？

有段时间，余金红在区领导带领下，到安徽西递古镇、陕西袁家村等地参观，看的地方多了，答案渐渐也明确了，那就是打造"南洞艺谷"景区、大学生实践基地。

回来后，余金红请来专家，研究如何留住乡村地域特色，让人"望得见山，看得见水，记得住乡愁"。

村里成立了公司，通过政府支持、项目贷款融资 3000 万元，把村民闲置的房屋统一租来，整修、加盖，打造成青砖黛瓦的建筑。很快，明清老街、渔人码头、休闲广场等相继亮相，让人耳目一新，那些走出新建的村民回来时发现了商机。

在城里见过世面的袁婵娟马上建议父亲袁其忠创办农家乐，取名"画春园"，成为村里最初"吃螃蟹"的那批村民。

很多村民没想到的是，做的都是家常菜，还真吸引了不少游客用餐。开业第一年，"画春园"收入就接近 20 万元。这个数字，如果换成以前土里刨食的生产方式，不知要多少年。

示范之下，村里开办农家乐的越来越多。

习近平总书记在新建村考察调研美丽乡村建设时，走进了

"画春园"。近年来，"画春园"成了很多到新建村的游客打卡之地。

采访期间，记者入住的民宿刚好挨着"画春园"。早晨7点多，"画春园"开始了一天的繁忙，寂静的山村也开始迎接新一天的喧嚣。

"画春园"院内的木质长桌和座椅摆放得整整齐齐，院外种了些树和花花草草。站在木质长桌边上往后山望过去，铺展在眼前的是绿油油的一片，花草葳蕤，青山远黛。

来到这样的院子，拍几张照片发个朋友圈，坐下来喝杯茶，享受味蕾盛宴，自然感觉不一样。

在新建村，类似这样的院子还不少，很多村民吃上了"美丽经济"饭。

业态越来越丰富

村里的蝶变，引来在外闯荡村民"返巢"潮。年轻人回村创业，又给村庄带来了活力，丰富了村里的旅游业态，从以餐饮为主的农家乐，到提供住宿的民宿、休闲的咖啡馆和书店等。

周国兴是返乡创业的典型代表。他以前在杭州一家连锁餐饮公司担任运营总监，看到村里一天一个样，实现了"绿水青山就是金山银山"，他也打算回村办家农家乐，后来一了解，因为村里的农家乐已不少，趋于饱和状态，而住宿服务空间大。

就这样，周国兴便开了家民宿，同时卖起了咖啡和茶简餐，小院取名燕归来休闲驿站。

4月23日傍晚时分，记者见到了周国兴，就着一壶茶，他谈到了为什么回归及经营理念。在外闯荡多年，周国兴积累了一定的财富，懂得经营管理。2022年10月，民宿重建之后营业，生意比较稳定。

说是经营，其实他更享受田园牧歌式的生活，正如院墙上那句"回家，一次回归就是人生的表达，就是生命的跨越"。

近年来，村里的民宿越来越多，还有专业公司运营，村民房子租金也水涨船高。

"很早以前想把我家的房子以不到一万元的价格卖掉，父亲不同意，没想到现在一年租金就达2万元。"芦海峰直言没想到。他家的房子租给了一家经营民宿的公司用来做餐厅，公司对房间进行了装修，把院落也重新打造了，看着特别舒心。

因为有了可观的租金，今天村民的房子涨到了30万元都很少有人卖。

过去数年，新建村借助浙江省"万村整治　千村示范"工程大力实施的契机，将农民房屋连片改造成徽派建筑外墙实体样式，每家民房以"画春园""燕归来""常相会"等戏曲词牌名命名，配套明清老街、烟雨长廊、渔人码头等特色建筑，美化村庄环境，彰显人文底蕴。

重磅打造以"乡村文艺"为主题的国家4A级旅游景区"南洞艺谷"，植入10余个文创基地和文化艺术体验胜地，串联四季花田、大坝观景平台、阶梯式溪坑等乡村景观，融合呈现青山黛瓦的江南乡土风情、自然淳朴的渔农村风情和原生态艺术风情。

一系列举措之下，新建村景点和业态越来越丰富。村文化休闲旅游产业的蓬勃发展带动了村民自主创业，很多村民实现了在家门口就业。

在进入南洞艺谷必经之地，村里还设置了30多个自产自销摊位，村民可以在此销售当地土特产。

还需强调的是，借助大学生实习采风基地的优势，新建村引进并提升改造了乡村艺术馆，在本土艺术家张高俊的带领下，既为富有海洋海岛气息的美术作品提供了创作、展览、交流、交易的场所，又为周边村民开设农民画培训等艺术课程，在陶冶村民情操、提高艺术修养的同时，还让拿惯锄头的村民在农闲时拿起画笔增收。

着眼未来乡村

追梦不懈的新建村，在围绕"美丽经济"，不断完善、丰富村内业态的同时，这几年又有了新的目标，那就是打造未来乡村。

2019年，新建村被写入《净零碳乡村规划指南——以中国长三角地区为例》在首届联合国人居大会上向全世界进行报告，成为全球净零碳乡村建设的一个典范案例。

2021年起，新建村更进一步，以"零碳新建 遇见未来"作为未来乡村建设试点工作的核心内涵，将践行"两山"理念的作为试点工作的指导思想，以低碳场景建设作为落脚点，系统推进土地利用、建筑材料、能源、交通、农业生产、文旅产业、水循环、垃圾处理等实践路径，加快实现村庄全产业绿色低碳发展，着力打造集智慧生态新链条、低碳宜居新生活、整体智治新模式、共同富裕新示范于一体的未来低碳海岛乡村。

新建围绕"山林、田园、景区"三大大乡村环境风貌主要元素，通过划定村庄的"三区四线"统筹布置低碳场景、风貌场景，形成了"村在山谷中、水从村中过"的良好生态布局。

在此基础上，充分挖掘新建村休闲旅游与田园农业两大优势村庄产业减排潜力，配合景区乡村建设、农业"肥药两制"改革打造宜居、健康、安全、生态的高品质乡村产业。

比如，农业产业方面，充分发挥村内南洞水库天然蓄水功能，参照省内其他地区优秀水利工程建设经验，遵循本地区位条件，利用条石砌筑 3 个它山堰，将南洞水库水资源分流至村内地势较低的农田附近，实现辖区内 300 亩村民农田灌溉用水天然自足，避免以往村民使用车辆来回装载取水过程中出现的水资源浪费、能源消耗高等问题。同时建立了村内"能源—水—食物"的闭环循环利用体系，通过利用农作物秸秆和家畜禽类粪便作为原料制造有机肥，实现废弃物的综合利用。

实施过程中，新建村注重把群众认同、参与、满意作为未来乡村建设的基本要求，积极倡导推广低碳的乡村治理模式与群众生活理念，推动治理、邻里场景与低碳场景的深度融合，加快形成有利于农村生态环境保护和可持续发展的生活理念与消费模式。

新建村简介

新建村成立于 2004 年 12 月，地处舟山本岛西北部，下辖黄沙、里陈、南洞三个自然村，户籍人口 1400 余人。2015 年 5 月 25 日，习近平总书记到新建村调研，对新建村美丽乡村建设给予了充分肯定并作出美丽中国要靠美丽乡村打基础的重要指示。近年来，新建村深入贯彻落实习近平总书记重要指示精神，坚定不移践行"两山"理念，大力培育"美丽经济"，按照"打造特色优势，深化建设内容，实现富民强村"的发展思路，合理规划，确定了以"文化休闲旅游"为特色的发展模式，以项目带动发展，促进富民增收。

在休闲、旅游、文化、采风等连片发展理念的带动下，新建村实现了深山冷岙里搞旅游、办文化、促发展，10 多年前一个名不见经传的小山村发生了翻天覆地的变化，村容村貌整洁美观，村民收入稳步提升，知名度、影响力不断提升。2022 年，新建村旅游人数 41 万人次，旅游收入 3600 万元，经济总收入 7350 万元，村民人均收入 45128 元。

相关链接

《绿水青山就是金山银山，共同富裕路上我们继续奋斗》，《人民日报》2022 年 6 月 3 日。

菖蒲塘：果业兴村　生活越过越甜蜜

要依靠科技，开拓市场，做大做优水果产业，加快脱贫致富步伐。

湖南省凤凰县廖家桥镇菖蒲塘村，曾经是个典型的干旱贫困村，因为土地干旱不适合种水稻，当地有村民试种水果成功后，越来越多的村民选择了种植水果，但产业科技含量不高，市场开拓不足，抗风险能力差。

2013年11月3日，习近平总书记到菖蒲塘村视察，提出"依靠科技，开拓市场，做大做优水果产业，加快脱贫致富步伐"的重要指示，为菖蒲塘村发展指明了方向。

2013年以来，菖蒲塘村牢记习近平总书记殷切嘱托，沿着总书记指引的方向不懈奋斗，依靠科技，开拓市场，走出了一条水果立村、农旅融合、产业兴村的脱贫奔小康之道和乡村振兴之路。

"这几天，我们的红色农家院客人天天爆满，我们最近又将举办首届电商助农直播节，带动农产品销售，培养更多农民主播网红，打造新的经济发展引擎。"2023年7月6日，菖蒲塘村第一书记唐金生接受记者采访时难掩兴奋与自豪，还列举了几组数字：全村产业发展面积从2013年的1750亩发展到2022年的8000亩，其中水果种植面积7200亩，年产值4300万元。2022年，实现村民人均可支配收入30392元，是2013年6121元的4.9倍；村集体经济由原来的3万元增加到209万元，是2013年3万元的70倍。

试种水果成功了

一年前的 8 月下旬，记者走进菖蒲塘村时，当地正经历高温干旱，走在田间地头，炙热难耐，不一会儿便汗流浃背。

勤劳的村民，正忙着采摘、打包销售猕猴桃，同时，想方设法抽水灌溉，尽可能地减少损失。菖蒲塘村原党支部书记王安全向记者表示，相对来说水果比水稻耐旱得多，但干旱严重，影响也大。

坐在记者面前的王安全，尽管已年过古稀，但精神矍铄，家里还种了几亩果树。"主要是做试验。"说这话时，王安全爽朗地笑了，饱经风霜的脸上爬满了皱纹。

2021 年 2 月 25 日，王安全被授予"全国脱贫攻坚先进个人"称号。

时间回溯到 20 世纪八九十年代。彼时，菖蒲塘村山多、水缺、路烂，村民仅靠种植水稻、玉米维持生计。因为水库主渠道不经过村里，种水稻完全是靠天吃饭。

全村 90% 房屋为土砖房或石头房，10% 为茅草房，人均纯收入不足 600 元。

"有女莫嫁菖蒲塘，家里只有烂箩筐。"便是当时贫穷景象的真实写照。

穷则思变。1951 年出生的王安全，初中毕业后在家务农。20世纪 80 年代初，村里包产到户。和周边很多村庄一样，村民以种植水稻为主，但因为田少且缺水，收成极差，家里粮食不够吃，青黄不接是常有的事。

"必须变，必须改。"只有初中文化的王安全，当过村里的广播员，学过兽医和种植，在努力改变自身命运的同时也一直都在探索村子的发展。过了而立之年后，他的这种想法更加强烈。

相较于对水要求高、只能在水田种植的水稻，果树是耐旱作物，可以在山地种植，适合菖蒲塘。

但稳妥起见，王安全认为还是应该长短结合、以短养长，即前期以见效快的短期作物收入养长期作物。设想很好，但祖祖辈辈都靠种水稻和玉米为生，响应者寥寥，就连王安全的父亲也反对。

为了给大家做示范，王安全把自家的稻田变成试种场，先种植短期经济作物，当时主要是西瓜、扫把草和葫芦。

"之所以选择这些短期作物，是因为心中没底，万一效益不好，来年还可以改回去种水稻。"向记者回忆起当时的决定时，王安全坦言，自己其实很忐忑。因为，失败了不仅意味着饭都可能吃不上，而且刚刚开始点燃的脱贫致富火苗也可能被浇灭。

在王安全的悉心呵护下，小范围试种成功了，这给了王安全很大鼓舞，也为他后来大胆探索产业发展奠定了基石。

虽然只有初中文化，但王安全爱学习，家里还订阅了水果种植方面的报刊。

万事开头难。试种成功后，王安全一发不可收，在报刊上看到外地有好的水果，不管多远，哪怕要跋山涉水、千里奔波，他也要去看看，想方设法弄些种苗回来。

1985 年，王安全带领村民走出湘西，从浙江宁海引进宫川蜜橘。

蜜橘挂果后，一亩地能赚 2000 多元，而当时一亩水稻的毛收入才 700 多元。两相对比，自然前者更有吸引力。

但村民对宫川蜜橘非常陌生，更不会种植。王安全和几个村民代表带头学种，渐渐摸出了门道。

尽管获得了丰收，但菖蒲塘村村民没有止步于此。

1988 年引进湘西椪柑，1996 年引进吉首大学科研成果"米良一号"猕猴桃，2002 年引进福建平和琯溪蜜柚，2007 年引进四川广元苍溪红心猕猴桃……

为防止单一品种带来市场风险，菖蒲塘村不断学习，不断进行品种改良，调整水果品种。"前后引进了 12 个品种的果树，挂果不理想的品种都被砍掉了。"王安全说。

经过多年多个品种的试种，村民们逐渐发现，猕猴桃比较适合在菖蒲塘村种植。

1992 年，在专家的引荐下，村民丁清清从吉首大学率先引进"米良一号"猕猴桃种植。通过引种猕猴桃，丁清清尝到了甜头，很快就发展成了村里首个万元户。

于是，从 1996 年开始，村里开始大面积种植猕猴桃，正是从那时开始，村民们的口袋渐渐鼓了起来。在王安全、丁清清的示范带动下，菖蒲塘村种植水果规模越来越大，越来越多村民靠种水果过上幸福生活。

当然，在种植方面，村民也吃过不少苦头，经历过一波三折。20 世纪 90 年代，当凤凰县开始扩大猕猴桃种植面积，随之而来的是猕猴桃"癌症"——溃疡病频发，给果农造成很大损失。

以丁清清为代表的"土专家"不断进行"土试验"，屡败屡战，1998 年，成功选育出猕猴桃砧木抗溃疡病栽种方式，有效降低了猕猴桃溃疡病发病率，提高了抗病性。

在此期间，王安全从村里的种植技术员到村委会主任，再到村党支部书记，岗位越来越重要，责任也越来越大。

2011 年担任村党支部书记后，王安全有了新的担忧。以前周边县市种猕猴桃等水果的少，菖蒲塘村只要想办法种好就能实现丰产增收，而随着时间的推移，种水果的越来越多，销路渐渐成为难题。

怎么才能让村民实现长期丰产又增收，王安全思来想去，不得门道。

习近平总书记到村里考察时看了柚子树，问产量多少，有没有大小年等。总书记问得很详细，王安全一一汇报。

听到总书记提出"依靠科技，开拓市场，做大做优水果产业，加快脱贫致富步伐"时，王安全茅塞顿开。此后，他反复琢磨，领悟到村里种植水果的瓶颈就是科技含量不高和市场开拓不足。

持续提升科技含量

找准了问题所在，自然是怎么想方设法解决。尽管地处武陵山腹地，但在 20 世纪 70 年代中期湖南省农科院就派专家到村里指导。

在猕猴桃种植方面，10 多年前，猕猴桃研究专家、湖南农业大学教授王仁才，作为湖南省科技特派员定点联系菖蒲塘村。从讲台到田间地头，多年如一日，跟丁清清等一起潜心钻研，为村民释疑解惑，帮助攻克了一个又一个猕猴桃种植技术难题。

怎么充分依靠科技？村里一方面想方设法争取外面的专家支持，另一方面着力培养本地的"土专家"。

村里充分发挥省州农科院、科协与凤凰县在水果品种特性研究、新品种选育及水果产业发展等方面的优势，实现强强联合、优势互补。

2020 年，湖南省农科院在菖蒲塘村建立专家工作站，重点定点开展种植技术攻关和产学研合作，推动菖蒲塘村产业规模化、生态化、绿色化和有机化发展。2021 年，村里又成立科技小院，依托湖南农大人才和技术资源，针对凤凰猕猴桃产业关键共性技术问题，开展"零距离、零时差、零门槛、零费用"服务，为菖蒲塘村水果产业发展提供了强有力的科技和人才保障。

同时，菖蒲塘村先后投入科技扶贫资金 300 多万元，培养出一批科技示范户、种植大户和营销能手等"土专家"。

目前，全村现有省级科技示范户 2 户、州县级科技示范户268 户；中级农技师 21 人、初级农技师 48 人。村里还有支"女子嫁接队"，共有成员 247 人，常年在贵州、重庆、四川、陕西等地开展猕猴桃、柑橘、金弹子等水果、盆景嫁接技术服务，年创收 900 余万元，成为乡村振兴的"金剪刀"。

"土专家"丁清清是村里引种猕猴桃的第一人，在他的带动下，全村跟着发展猕猴桃产业。2021 年，全村种植猕猴桃面积达到 5000 亩，由他选育的猕猴桃砧木嫁接苗已发展成一个支撑产业。2022 年，全村共繁育猕猴桃、蜜柚等各类苗木 600 亩，年产值 2000 余万元。

目前，全村共有特色水果产业面积 8000 亩，是 2013 年 1750 亩的 4.6 倍，人均产业面积 2.6 亩，年产水果 2650 万斤，产值 3900 余万元。其中，90% 的果农，年纯收入超过 3 万元。

农户们通过种水果、育卖苗木，实现创收，生活越过越甜蜜。

积极开拓市场

利用科技手段，不仅提高了水果的产量，而且提升了品质。但因为信息不对称，水果市场瞬息万变，今天的香饽饽，明天就可能无人问津。

此前，就有地方面临这样的问题。引种的椪柑销售价格不及人工和运输成本，丰收的果实挂满枝头，自然脱落，结果都烂在了地里。第二年，村民一气之下砍掉了柑橘树，改种其他，但好景不长，几年之后又面临类似困局。

市场的重要性，菖蒲塘村村民刻骨铭心，更何况好酒还怕巷子深。

近年来，菖蒲塘一方面利用多年积累的传统渠道销售，另一方面大力发展电子商务，借力互联网扩宽销路。

村里成立了电子商务中心，大力培育电商从业者，让农民变网红，把农民变主播，通过电商平台，直播带货和销售本村及周边水果、苗木等农特产品。

2010年毕业的"85后"大学生、村干部向黎黎，自愿放弃大城市就业机会，选择回乡创业。

在她的带动下，菖蒲塘村有50多人发展电商，他们不仅在电商平台上销售自家的水果、苗木，还大量收购本村及周边村镇、县市农户的水果、苗木，年创收800多万元，既拓宽了本村水果、苗木销路，又带动了周边村镇、县市的水果、苗木产业发展。

积极拓展市场的同时，村里想方设法打造农产品品牌，充分利用资源延伸产业链。村里以农产品加工龙头骨干企业为载体，以合作社为纽带，做好"农工结合"产业链。同时，利用"菖蒲塘村"品牌效应引进公司，合作加工生产"菖蒲塘矿泉水""菖蒲塘猕猴桃汁""菖蒲塘橘子汁"等，提高农产品附加值。

产业融合发展

村里的知名度提高后，再加上有个飞水谷景区，不少人慕名前来参观、旅游。依靠科技，开拓市场，做大做优水果产业的同时，菖蒲塘村计划开发旅游资源，努力实现一二三产业融合发展。

2022年8月，记者曾走进飞水谷，只见谷中危崖夹峙，树木繁茂。虽因干旱水少，但能明显看到地势险要，落差大。在峡谷瀑布前，亦能明显感觉到凉意。

当地人提供的一段视频显示：丰水时，飞水谷里高低层叠错落有致的沉积岩与澄澈透亮的一泓清流，因为落差不同，形成了10多个风格迥异的瀑布，或湍急，或平缓，或恢宏。

菖蒲塘村距离凤凰古城仅7公里，到铜仁凤凰机场也仅20公里。因为交通便利，近年来，前来打卡旅游的人越来越多。

游客增多的同时，也拓展了村里的水果及其他农产品销路。唐金生表示，村里正在开发红色餐厅，建设国家级优质种苗科研繁育中心，计划打造一条连通新村部、菖蒲塘红色线路、生态水果基地、飞水谷景区、红色餐厅、优质种苗科研繁育中心的参观考察精品线路，建设四季果园，引进社会资本投资峡谷民宿。

"菖蒲塘村有比较扎实的第一产业基础，第二、第三产业也具有一定优势，三产融合发展之路具备了坚实的基础和强劲的发展潜力。"唐金生说。

唐金生告诉记者，为实现产业融合，菖蒲塘村以美丽湘西建设为抓手，全面开展村庄植树造景、产业成景行动，开展村容村貌集中整治和绿化美化，打造一条精品旅游环线，推进百家精品庭院建设和村组道路、边角旮旯美化建设，全力营造"山清水秀、天蓝气清"的宜居环境。

此外，以创建返乡农民工创业园为平台，引进更多服务类、水果加工类、电商销售类、民族工艺品类等各类企业来菖蒲塘投资办厂，带动当地水果加工，推动产供销一体化，农民就业创业。

同时，依托凤凰古城、境内飞水谷景区等旅游资源和菖蒲塘红色资源，推动农旅融合发展，把菖蒲塘村打造成为新时代红色地标和全国乡村振兴示范村。

在唐金生的描绘中，三产融合的菖蒲塘村更进一步，宜居宜业宜游的乡村振兴画卷已徐徐展开。

菖蒲塘村简介

菖蒲塘村位于凤凰县城西南方，距凤凰古城7公里，与南方长城、拉毫营盘景区、中华大熊猫苑、中青宝凤凰水世界、长潭岗休闲度假区毗邻成线，是凤凰古城与乡村旅游黄金线路中间节点，也是凤凰县首批乡村旅游村。该村共辖15个自然寨、23个村民小组，共710户3035人，是一个以土家族为主的少数民族聚居村，又是全国闻名的水果之乡。

2013年11月3日，习近平总书记来到菖蒲塘村视察，作出了"依靠科技，开拓市场，做大做优水果产业，加快脱贫致富步伐"的重要指示。10年来，该村牢记习近平总书记殷切嘱托，走出了一条水果立村、科技兴村、文旅强村的特色发展之路。2022年，该村共发展柚子、猕猴桃、茶叶等产业面积8000亩，其中水果种植面积7200亩，年产值4300万元。全村人均可支配收入由2013年的6121元增至2022年的3.04万元；村集体经济由2013年的3万元增至2022年的209万元。

相关链接

《牢记嘱托　脱贫攻坚　依靠科技加快脱贫步伐》，央视网2020 年 8 月 26 日，https://news.cri.cn/toutiaopic/e5d12391−4319−4e62−a97d−1784b52c35c7.html.

《习近平在湖南考察时强调　深化改革开放推进创新驱动　实现全年经济社会发展目标》，《人民日报》2013 年 11 月 6 日。

后　记

习近平总书记强调："中国式现代化，民生为大。党和政府的一切工作，都是为了老百姓过上更加幸福的生活。"民生保障，百姓冷暖，是习近平总书记的最大牵挂。党的十八大以来，习近平总书记多次深入乡村和城市社区等地考察调研，就保障和改善民生工作作出一系列重要指示。新时代以来，我们之所以能书写经济快速发展和社会长期稳定两大奇迹新篇章，为中国式现代化提供更为完善的制度保证、更为坚实的物质基础、更为主动的精神力量，坚持"民生为大"正是其中的关键。

人民日报社《民生周刊》杂志是全国唯一专注民生报道的新闻期刊，记者编辑们常年奔走一线、扎根基层，践行新闻"四力"，深入采访调研。自 2019 年以来，《民生周刊》开设《沿着总书记足迹访民生》系列报道专栏，推出了一篇篇有高度、有温度、有深度的报道，深刻反映了习近平总书记考察和调研过的地方的干部群众牢记嘱托、砥砺奋进，不断增进民生福祉，把人民对美好生活的向往变为现实。

2023 年，《民生周刊》杂志社专门成立采写组，记者编辑们深入乡村、社区，蹲点驻村采访，挖掘鲜活素材，集中采访和调研了十八洞村、许家冲、塞罕坝等习近平总书记曾经考察调研过的部分村庄、社区、企业等，推出了 40 多篇报道，刊发在《沿着总书记足迹访民生》专栏。这些报道聚焦加强党建引领、贯彻新发展理念、推进高质量发展、全面推进乡村振兴、做强特色产业、保护生态环境、推进共同富裕、建设和美乡村、打造平安社区、探索文化创新创造等，刊发后反响热烈。

本书精编了其中的 20 篇报道，通过一个个生动鲜活、接地气冒热气的人物、故事、案例，多角度立体呈现了这些地方发生的显著变化，充分彰显了习近平总书记非凡的政治勇气、深厚的人民情怀、深邃的历史眼光和科学的辩证思维，充分彰显习近平新时代中国特色社会主义思想的真理力量和实践伟力。

为了高质量完成本书的采编工作，我们专门成立了编辑委员会，组成人员为：全世杰、任怀民、刘毅、马海涛、陈文波。采写组的成员为：严碧华、郑旭、崔靖芳、郑智维、罗燕、张兵、郭鹏、于海军、赵慧、郭梁、李杨诗宇、姜玉函、罗芳菲、刘烨烨、贾伟、唐晓彤、朱浩铨、李贤娜以及王迪、魏良炜、宋盈莹等。另外，还要特别感谢特约记者姜峰对此书的贡献。

中共中央党校出版社承担了大量后期编辑出版工作，感谢出版社的同志们对本书出版给予的大力支持，也向所有帮助和支持本书出版的单位和同志们表示衷心感谢。

若有不当之处，敬请批评指正。

编者

2024 年 6 月